JN014355

計算力学の基礎

― 数値解析から最適設計まで ―

倉橋 貴彦・史 金星　著

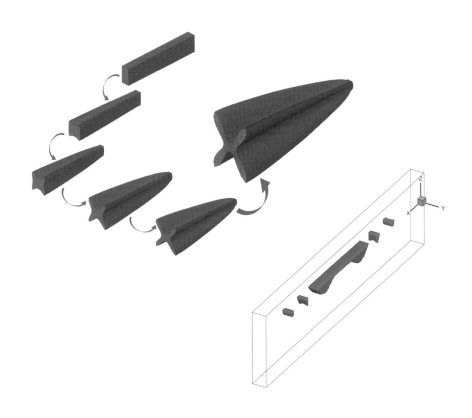

共立出版

まえがき

　計算力学は，変形・振動・熱伝導などの力学現象をコンピュータ上で解析する内容である．解析実行の際は，離散化手法といわれる基礎方程式（支配方程式）を代数方程式に変換する手法を行い，計算条件を正しく設定する必要がある．本書は，離散化手法をはじめとする計算力学の各種手法を理解した上で，自ら解析を実行できるスキルの習得を目的とする．

　解説は，さまざまな学習背景（高専からの編入生や留学生等）を持つ学生への配慮として土台となる数値解析から始める．基礎の徹底を図り，盤石な土台を形成することが計算力学の根幹をなす有限要素法の学習にスムーズに繋がる．有限要素法では，必要不可欠な項目を精選してまとめた上で丁寧な数式展開を行うことにより，確実な理解を得られるようにする．終盤では，将来への橋渡しとして，最適設計（形状最適化やトポロジー同定）を紹介する．最適設計は，3D プリンタの普及により今後の進展が期待されている分野である．

　数値計算に用いるプログラミング言語は「Fortran90/95」および「MATLAB」を使用する．「Fortran90/95」および「MATLAB」は数多くの数値計算アルゴリズムが実装されており，プログラミング初学者でも学習しやすい．特に，「Fortran90/95」は大規模高速演算に優れ，「MATLAB」は解析結果の図示化に高い機能をもつ．講義で学習する言語は 1 つと想定されるが，本書は「Fortran90/95」と「MATLAB」を可能なかぎり互換性を保ったまま同問題で解説をすることにより，他方の言語も紐付けて参照しやすい工夫をしている．

　計算力学の教科書は，解説の項目が限定されているもの（特に有限要素法への限定）が多い．本書は，計算力学の全体像を幅広く見渡せるように有限要素法のみならず，数値解析から最適設計まで一連の体系を整理した教科書である．計算力学の醍醐味を十分に堪能していただければ幸いである．

2023 年 6 月

倉橋　貴彦

史　金星

目　　　次

第1章　代数方程式の数値計算

1.1　補間関数 ·· 1
1.2　非線形方程式の数値計算 ··· 2
　　1.2.1　2分法 ·· 2
　　1.2.2　Newton-Raphson 法 ··· 3
1.3　連立方程式の数値計算 ·· 4
　　1.3.1　直接法 ·· 4
　　1.3.2　反復法 ·· 5
1.4　連立方程式の数値計算の具体例 ··· 7

第2章　Fortran90/95・MATLAB によるプログラムの基礎，数値計算演習

2.1　Fortran90/95 によるプログラム作成の基礎 ·· 9
2.2　MATLAB によるプログラム作成の基礎 ·· 16
　　練習問題 ·· 21
　　参考文献 ·· 21

第3章　微分方程式の数値計算

3.1　一階微分方程式の数値計算 ··· 23
3.2　二階微分方程式の数値計算 ··· 24
3.3　数値積分 ·· 28

第4章　Fortran90/95・MATLAB による常微分方程式の数値計算演習

4.1　振動方程式の数値計算における計算条件 ··· 31
4.2　Fortran90/95 による振動方程式の数値計算 ·· 31
4.3　MATLAB による振動方程式の数値計算 ·· 33
　　練習問題 ·· 35

第 5 章　軸方向変形部材・トラス部材の構造解析

5.1　変形条件式 ……………………………………………………………………………… 37
5.2　変位と反力の計算 ……………………………………………………………………… 38
5.3　複数部材の問題に対する変位の算定 ………………………………………………… 39
5.4　トラス部材の問題に対する変位の算定 ……………………………………………… 42

第 6 章　Fortran90/95・MATLAB による軸方向変形部材の構造解析演習

6.1　軸方向変形部材による構造解析モデル ……………………………………………… 47
6.2　Fortran90/95 による軸方向変形部材構造解析モデルに対する数値計算 ………… 47
6.3　MATLAB による軸方向変形部材構造解析モデルに対する数値計算 ……………… 52
　　　練習問題 ………………………………………………………………………………… 55
　　　参考文献 ………………………………………………………………………………… 56

第 7 章　有限差分法（定常モデル）

7.1　Taylor 展開 ……………………………………………………………………………… 57
7.2　Laplace 方程式に対する差分方程式 ………………………………………………… 58
7.3　数値解析例 ……………………………………………………………………………… 59
7.4　境界条件（第一種境界条件および第二種境界条件） ……………………………… 60
7.5　不規則境界の取り扱い ………………………………………………………………… 62

第 8 章　有限差分法（非定常モデル）

8.1　移流方程式に対する差分方程式 ……………………………………………………… 65
8.2　Von Neumann の安定性解析（移流方程式） ……………………………………… 67
8.3　熱伝導方程式に対する差分方程式 …………………………………………………… 71
8.4　Von Neumann の安定性解析（熱伝導方程式） …………………………………… 71

第 9 章　Fortran90/95・MATLAB による有限差分解析演習

9.1　2 次元領域における Laplace 方程式に対する有限差分解析
　　　（定常モデル）の解析条件 …………………………………………………………… 75
9.2　Fortran90/95 による 2 次元領域における Laplace 方程式に対する有限差分解析
　　　（定常モデル） ………………………………………………………………………… 75

9.3　MATLAB による 2 次元領域における Laplace 方程式に対する有限差分解析
　　（定常モデル）‥‥‥‥‥‥‥‥‥‥‥‥‥‥‥‥‥‥‥‥‥‥‥‥‥‥‥‥‥‥‥ *78*

9.4　1 次元領域における熱伝導方程式に対する有限差分解析
　　（非定常モデル）の解析条件‥‥‥‥‥‥‥‥‥‥‥‥‥‥‥‥‥‥‥‥‥‥‥‥‥ *81*

9.5　Fortran90/95 による 1 次元領域における熱伝導方程式に対する有限差分解析
　　（非定常モデル）‥‥‥‥‥‥‥‥‥‥‥‥‥‥‥‥‥‥‥‥‥‥‥‥‥‥‥‥‥‥ *82*

9.6　MATLAB による 1 次元領域における熱伝導方程式に対する有限差分解析
　　（非定常モデル）‥‥‥‥‥‥‥‥‥‥‥‥‥‥‥‥‥‥‥‥‥‥‥‥‥‥‥‥‥‥ *83*

　　練習問題‥‥‥‥‥‥‥‥‥‥‥‥‥‥‥‥‥‥‥‥‥‥‥‥‥‥‥‥‥‥‥‥‥‥ *85*

第 10 章　微分方程式の数値解法に関するその他の話題

10.1　Runge-Kutta 法 ‥‥‥‥‥‥‥‥‥‥‥‥‥‥‥‥‥‥‥‥‥‥‥‥‥‥‥‥‥‥ *87*

10.2　Lotka-Volterra の方程式　（連立常微分方程式）‥‥‥‥‥‥‥‥‥‥‥‥‥‥ *89*

10.3　陽解法および陰解法‥‥‥‥‥‥‥‥‥‥‥‥‥‥‥‥‥‥‥‥‥‥‥‥‥‥‥‥ *92*

第 11 章　2 次元領域の物理問題の解析に対する有限要素法の導入

11.1　2 次元領域における定常熱伝導問題に対する有限要素法の適用
　　（アイソパラメトリック要素の使用）‥‥‥‥‥‥‥‥‥‥‥‥‥‥‥‥‥‥‥‥‥ *95*

11.2　2 次元領域における線形弾性体の変形問題に対する有限要素法の適用
　　（アイソパラメトリック要素の使用）‥‥‥‥‥‥‥‥‥‥‥‥‥‥‥‥‥‥‥‥ *102*

第 12 章　Fortran90/95・MATLAB による有限要素解析演習

12.1　2 次元領域における定常熱伝導問題の有限要素解析に対する解析条件‥‥‥‥‥ *107*

12.2　Fortran90/95 による 2 次元領域における定常熱伝導問題の有限要素解析 ‥‥‥‥ *107*

12.3　MATLAB による 2 次元領域における定常熱伝導問題の有限要素解析‥‥‥‥‥‥ *119*

　　練習問題‥‥‥‥‥‥‥‥‥‥‥‥‥‥‥‥‥‥‥‥‥‥‥‥‥‥‥‥‥‥‥‥‥ *127*

　　参考文献‥‥‥‥‥‥‥‥‥‥‥‥‥‥‥‥‥‥‥‥‥‥‥‥‥‥‥‥‥‥‥‥‥ *128*

第 13 章　最適設計の基礎

13.1　Lagrange 関数の停留条件および最急降下法‥‥‥‥‥‥‥‥‥‥‥‥‥‥‥‥ *129*

13.2　設計変数の更新式に対する Newton-Raphson 法の適用‥‥‥‥‥‥‥‥‥‥‥ *132*

第 14 章　Fortran90/95・MATLAB による最適設計演習

14.1　最適設計の計算条件および厳密解について ………………………………………… 135
14.2　Fortran90/95 による最適設計 …………………………………………………………… 135
14.3　MATLAB による最適設計 ………………………………………………………………… 140
　　　練習問題 …………………………………………………………………………………… 143

第 15 章　最適設計の応用

15.1　基本振動固有値最大化のための形状最適化の事例紹介 ……………………………… 145
15.2　構造内の空洞のトポロジー同定解析の事例紹介 ……………………………………… 147
　　　参考文献 …………………………………………………………………………………… 151

練習問題の解答 ……………………………………………………………………………………… 153
付　録 ………………………………………………………………………………………………… 171
配布用ソースコードについて …………………………………………………………………… 177
あとがき ……………………………………………………………………………………………… 181
索　引 ………………………………………………………………………………………………… 183

第1章
代数方程式の数値計算

本章では，連続データを関数形により表す**補間法**および**非線形方程式**の数値計算，また**連立方程式**の数値計算法について解説する．

1.1 補間関数

物理量を計測し，その計測値の間を推定したい場合，計測値の間を補間する必要がある．補間は，点と点をある関数により結ぶことであり，この関数を補間関数と呼ぶ．まず，2点を結ぶ1次の補間関数の誘導方法について説明する（図1.1）．

図1.1に示す補間関数は，式(1.1)のように示すことができる．ここにaは傾き，bは切片値であり未知パラメータである．x_1，x_2の点におけるu_1，u_2は式(1.2)，(1.3)で表される．

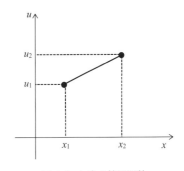

図1.1 1次の補間関数

$$u(x)=ax+b \tag{1.1}$$

$$u_1=ax_1+b \tag{1.2}$$

$$u_2=ax_2+b \tag{1.3}$$

式(1.2)，(1.3)を行列表記すると，式(1.4)のように書くことができる．

$$\begin{Bmatrix} u_1 \\ u_2 \end{Bmatrix} = \begin{bmatrix} x_1 & 1 \\ x_2 & 1 \end{bmatrix} \begin{Bmatrix} a \\ b \end{Bmatrix} \tag{1.4}$$

未知パラメータa，bは，式(1.4)の右辺の逆行列を両辺に掛けることにより求めることができ，式(1.5)のように表すことができる．

$$\begin{Bmatrix} a \\ b \end{Bmatrix} = \begin{bmatrix} x_1 & 1 \\ x_2 & 1 \end{bmatrix}^{-1} \begin{Bmatrix} u_1 \\ u_2 \end{Bmatrix} = \frac{1}{x_1-x_2} \begin{bmatrix} 1 & -1 \\ -x_2 & x_1 \end{bmatrix} \begin{Bmatrix} u_1 \\ u_2 \end{Bmatrix} \tag{1.5}$$

式(1.5)の未知パラメータを式(1.1)に代入すると，式(1.6)のようになる．この式は，(x_1, u_1)，(x_2, u_2) が与えられる場合，2点間の x の値を入れることにより，y軸のuの値を求めることができる式を示している．

$$u(x)=ax+b=\{x \quad 1\}\begin{Bmatrix} a \\ b \end{Bmatrix} = \{x \quad 1\}\frac{1}{x_1-x_2}\begin{bmatrix} 1 & -1 \\ -x_2 & x_1 \end{bmatrix}\begin{Bmatrix} u_1 \\ u_2 \end{Bmatrix} = \frac{x-x_2}{x_1-x_2}u_1+\frac{x-x_1}{x_2-x_1}u_2 \tag{1.6}$$

　3点の計測値 (x_1, u_1), (x_2, u_2), (x_3, u_3) が与えられる場合，図1.2のような2次関数により補間することができる．与えられる計測点数と補間関数の次数の間には関係があり，計測点数を n とすると，$n-1$ 次の補間関数を作成することができる．

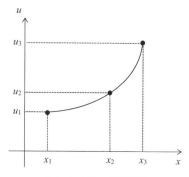

図1.2　2次の補間関数

　1次の補間関数のときと同様に，2次の補間関数における未知パラメータを求め，上記と同じ流れで整理をすると，式 (1.7) のように2次の補間関数が誘導できる．

$$u(x) = \frac{(x-x_2)(x-x_3)}{(x_1-x_2)(x_1-x_3)}u_1 + \frac{(x-x_1)(x-x_3)}{(x_2-x_1)(x_2-x_3)}u_2 + \frac{(x-x_1)(x-x_2)}{(x_3-x_1)(x_3-x_2)}u_3$$

$$(1.7)$$

　計測点が n，補間関数の次数が $n-1$ の場合を一般化して記載すると，式 (1.8) のように表すことができ，このような補間を **Lagrange 補間** と呼ぶ．式 (1.8) の係数 $L_j(x)$ は，式 (1.9) のように与えられる．ただし，式 (1.9) には，分子には $(x-x_j)$ の項はなく，分母には (x_j-x_j) の項がないことに注意をされたい．

$$u(x) = \sum_{j=1}^{n} \{L_j(x)u_j\} \tag{1.8}$$

$$L_j(x) = \frac{(x-x_1)(x-x_2)\cdots(x-x_{j-1})(x-x_{j+1})\cdots(x-x_n)}{(x_j-x_1)(x_j-x_2)\cdots(x_j-x_{j-1})(x_j-x_{j+1})\cdots(x_j-x_n)} \tag{1.9}$$

1.2　非線形方程式の数値計算

非線形方程式の数値計算法として，**2分法** と **Newton-Raphson 法** について紹介する．

1.2.1　2分法

　図1.3のように $f(x)$ が与えられるとき，$f(x)=0$ となる x を算定する．x_U と x_L の2点を定めるとき，関数 $f(x)$ において，$f(x_U)$ と $f(x_L)$ の符号が異なるので，x_U と x_L の間に $f(x)=0$ の根を持つことがわかっている．この性質を用いて $f(x)=0$ の根を求める方法は2分法と呼ばれている．

　2分法の計算手順は以下のとおりである．

Step 1)

　2つの初期値 x_U と x_L の値をもとに $x_M = (x_U + x_L)/2$ を計算する．

Step 2)

　もし，$f(x_M)$ と $f(x_U)$ が同符号なら x_M を新しい x_U として Step1) へ戻る．そうでない場合は $(f(x_M)$ と $f(x_U)$ が異符号

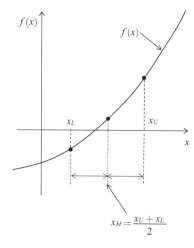

図1.3　2分法の説明図

なら）x_M を新しい x_L として Step1）へ戻る.

（※上記の操作を $|x_U-x_L|<\varepsilon$ となるまで繰り返す. ここに ε は**収束判定定数**を示す.）

ここで，例題として，式(1.10)の根を求める問題を考える.

$$f(x)=x^2-1 \tag{1.10}$$

計算の過程での値の移り変わりは以下のようになる. 段階的に中点の値が，根である $x=1$ に近づいていることがわかる. この計算を繰り返し，たとえば $|x_U-x_L|$ が収束判定値 ε 以内に収まったときの x_M を解にする等，収束判定のルールを決めて，$f(x)=0$ の根 x を求めることになる.

Step 1-(1)）

$x_U=1.5$ と $x_L=0.3$ の初期値とすると，$x_M=(x_U+x_L)/2=0.9$ となる.

Step 2-(1)）

$$f(x_U)=\left(1.5\right)^2-1=1.25$$

$$f(x_M)=(0.9)^2-1=-0.19$$

$f(x_U)$，$f(x_M)$ は異符号のため，$x_M=0.9$ を新しい x_L として Step 1）へ戻る.

Step 1-(2)）

$x_U=1.5$ と $x_L=0.9$ の値とすると，$x_M=(x_U+x_L)/2=1.2$ となる.

Step 2-(2)）

$$f(x_U)=(1.5)^2-1=1.25$$

$$f(x_M)=(1.2)^2-1=0.44$$

$f(x_U)$，$f(x_M)$ は同符号のため，$x_M=1.2$ を新しい x_U として Step 1）へ戻る.

Step 1-(3)）

$x_U=1.2$ と $x_L=0.9$ の値とすると，$x_M=(x_U+x_L)/2=1.05$ となる.

……（上記の手順を踏まえ，収束判定を満たすまで計算を進める.）

1.2.2 Newton-Raphson 法

次に，接線の勾配（傾き）を用いた非線形方程式の数値解法について紹介する. この方法は Newton-Raphson 法と呼ばれている. Newton-Raphson 法により，$f(x)=0$ となる x を算定する概念図を図1.4に示す.

まず，例として式(1.11)に示す初期値 x_0 点における **Taylor 展開**を考える.

$$f(x_1)=f(x_0+\Delta x)=f(x_0)+\Delta x f'(x_0)+\frac{\Delta x^2}{2!}f''(x_0)+\frac{\Delta x^3}{3!}f'''(x_0)+\cdots \tag{1.11}$$

左辺が右辺の第2項までで近似できるとすると，式(1.12)のように書くことができる.

$$f(x_1)=f(x_0)+\Delta x f'(x_0) \tag{1.12}$$

ここで，右辺側において，x_1 が非線形方程式の根である場合を考えると，$f(x_1)=0$ となる（式(1.13)）.

$$0=f(x_0)+\Delta x f'(x_0) \tag{1.13}$$

式(1.13)を移項すると，式(1.14)のようになり，式(1.15)のように書くことができる．一般的に $x^{(l)}$ を初期値として，Δx を $\Delta x = x^{(l+1)} - x^{(l)}$ とすると，式(1.16)のように表される．この式が Newton-Raphson 法における**反復計算式**であり，l は反復回数を示す．また，2分法と比べ，Newton-Raphson 法では解の収束が速いが，初期値 x_0 を適切に設定することが重要である．

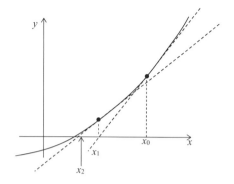

図 1.4 Newton-Raphson 法の概念図

$$\Delta x f'(x_0) = -f(x_0) \tag{1.14}$$

$$\Delta x = -\frac{f(x_0)}{f'(x_0)} \left(= -\frac{f(x^{(l)})}{f'(x^{(l)})} \right) \tag{1.15}$$

$$x^{(l+1)} = x^{(l)} + \Delta x = x^{(l)} - \frac{f(x^{(l)})}{f'(x^{(l)})} \tag{1.16}$$

1.3　連立方程式の数値計算

連立方程式の数値計算法として，**直接法**，**反復法**について紹介する．

1.3.1　直 接 法

まず，式(1.17)に示す連立方程式の解 x_1, x_2, x_3 を求めることを考える．

$$
\begin{aligned}
a_{11}x_1 + a_{12}x_2 + a_{13}x_3 &= b_1 \\
a_{21}x_1 + a_{22}x_2 + a_{23}x_3 &= b_2 \\
a_{31}x_1 + a_{32}x_2 + a_{33}x_3 &= b_3
\end{aligned}
\tag{1.17}
$$

式(1.17)の係数と右辺の値を行列表記で示すと式(1.18)のように書くことができる．

$$
\begin{bmatrix}
a_{11} & a_{12} & a_{13} & b_1 \\
a_{21} & a_{22} & a_{23} & b_2 \\
a_{31} & a_{32} & a_{33} & b_3
\end{bmatrix}
\begin{matrix}(1)\\(2)\\(3)\end{matrix}
\tag{1.18}
$$

ここで紹介する方法は **Gauss の消去法**と呼ばれ，係数行列の a_{21}, a_{31}, a_{32} を零にするような計算プロセス（**前進消去**）と，後ろの式から代入計算で解を求めるプロセス（**後退代入**）により構成される．まず1本目の式の係数行列の対角成分 a_{11} を用いて，式(1.19)のように計算する．この計算により，a_{21}, a_{31} を零とすることができる．

$$
\begin{bmatrix}
a_{11} & a_{12} & a_{13} & b_1 \\
0 & a_{22} - a_{12} \times \dfrac{a_{21}}{a_{11}} & a_{23} - a_{13} \times \dfrac{a_{21}}{a_{11}} & b_2 - b_1 \times \dfrac{a_{21}}{a_{11}} \\
0 & a_{32} - a_{12} \times \dfrac{a_{31}}{a_{11}} & a_{33} - a_{13} \times \dfrac{a_{31}}{a_{11}} & b_3 - b_1 \times \dfrac{a_{31}}{a_{11}}
\end{bmatrix}
\begin{matrix}(1)\\(2)' = (2) - (1) \times \dfrac{a_{21}}{a_{11}}\\(3)' = (3) - (1) \times \dfrac{a_{31}}{a_{11}}\end{matrix}
\tag{1.19}
$$

式(1.19)を式(1.20)のように書き改める．次に，2本目の式の係数行列の対角成分 a'_{22} を用いて，式(1.21)のように計算する．この計算により，a'_{32} を零とすることができる．また，書き改めると，

式(1.22)のように書き表すことができる.

$$\begin{bmatrix} a_{11} & a_{12} & a_{13} & b_1 \\ 0 & a'_{22} & a'_{23} & b'_2 \\ 0 & a'_{32} & a'_{33} & b'_3 \end{bmatrix} \begin{matrix} (1) \\ (2)' \\ (3)' \end{matrix} \tag{1.20}$$

$$\begin{bmatrix} a_{11} & a_{12} & a_{13} & b_1 \\ 0 & a'_{22} & a'_{23} & b'_2 \\ 0 & 0 & a'_{33}-a'_{23}\times\dfrac{a'_{32}}{a'_{22}} & b'_3-b'_2\times\dfrac{a'_{32}}{a'_{22}} \end{bmatrix} \begin{matrix} (1) \\ (2)' \\ (3)''=(3)'-(2)'\times\dfrac{a'_{32}}{a'_{22}} \end{matrix} \tag{1.21}$$

$$\begin{bmatrix} a_{11} & a_{12} & a_{13} & b_1 \\ 0 & a'_{22} & a'_{23} & b'_2 \\ 0 & 0 & a''_{33} & b''_3 \end{bmatrix} \begin{matrix} (1) \\ (2)' \\ (3)'' \end{matrix} \tag{1.22}$$

ここまでを前進消去と呼び,式(1.22)を書き下すと,式(1.23)のように書き表すことができる.

$$\begin{aligned} a_{11}x_1+a_{12}x_2+a_{13}x_3 &= b_1 \\ a'_{22}x_2+a'_{23}x_3 &= b'_2 \\ a''_{33}x_3 &= b''_3 \end{aligned} \tag{1.23}$$

式(1.23)の最後の式から,x_3, x_2, x_1 と順番に求めることができ,このプロセスを後退代入と呼ぶ.具体的には式(1.24)のように計算することができる.この計算により,x_1, x_2, x_3 を算定することができる.

$$\begin{aligned} x_3 &= b''_3/a''_{33} \\ x_2 &= (b'_2-a'_{23}x_3)/a'_{22} \\ x_1 &= (b_1-a_{13}x_3-a_{12}x_2)/a_{11} \end{aligned} \tag{1.24}$$

1.3.2 反 復 法

前項に示したような直接的に連立方程式の数値解を求める方法以外に,連立方程式の未知変数に初期値を代入し,繰り返し計算を行うことで,連立方程式の解を求める方法がある.この方法を反復法と呼ぶ.ここでは,Jacobi 法,Gauss-Seidel 法,SOR 法について説明する.

(1) Jacobi 法

まず Jacobi 法について説明する.式(1.17)に示す式を行列表記すると式(1.25)のように書き表すことができる.

$$\begin{bmatrix} a_{11} & a_{12} & a_{13} \\ a_{21} & a_{22} & a_{23} \\ a_{31} & a_{32} & a_{33} \end{bmatrix} \begin{Bmatrix} x_1 \\ x_2 \\ x_3 \end{Bmatrix} = \begin{Bmatrix} b_1 \\ b_2 \\ b_3 \end{Bmatrix} \tag{1.25}$$

式(1.25)の係数行列を対角行列と非対角行列に分解すると,式(1.26)のように書くことができる.

$$\left(\begin{bmatrix} a_{11} & 0 & 0 \\ 0 & a_{22} & 0 \\ 0 & 0 & a_{33} \end{bmatrix} + \begin{bmatrix} 0 & a_{12} & a_{13} \\ a_{21} & 0 & a_{23} \\ a_{31} & a_{32} & 0 \end{bmatrix} \right) \begin{Bmatrix} x_1 \\ x_2 \\ x_3 \end{Bmatrix} = \begin{Bmatrix} b_1 \\ b_2 \\ b_3 \end{Bmatrix} \tag{1.26}$$

式(1.26)を式(1.27)のように書き表し,式展開を進める.式(1.27)を移項すると式(1.28)のように

なる.

$$([D]+[S])\{x\}=\{b\} \tag{1.27}$$

$$[D]\{x\}=\{b\}-[S]\{x\} \tag{1.28}$$

ここで, 反復回数 k を入れ, 式(1.28)を式(1.29)のように書き表す. 式(1.29)の左辺の係数行列 $[D]$ の逆行列 $[D]^{-1}$ を両辺に乗じると, 式(1.30)のように記載できる. 反復回数 k を零とし, 右辺の $\{x\}^{(0)}$ に初期値を代入し, $\{x\}^{(1)}$ を求め, $\{x\}^{(1)}$ を右辺に代入することで, 左辺の $\{x\}^{(2)}$ が求められる. この計算を繰り返し, たとえば $\left|\{x\}^{(k+1)}-\{x\}^{(k)}\right|$ の最大値が収束判定定数 ε より小さくなった際, $\{x\}^{(k+1)}$ を解とする等, ルールを決めて計算を実施する.

$$[D]\{x\}^{(k+1)}=\{b\}-[S]\{x\}^{(k)} \tag{1.29}$$

$$\{x\}^{(k+1)}=[D]^{-1}(\{b\}-[S]\{x\}^{(k)}) \tag{1.30}$$

(2) Gauss-Seidel 法

次に Gauss-Seidel 法と呼ばれる反復計算法を紹介する. Gauss-Seidel 法は Jacobi 法の改良法であり, まず, 式(1.25)を式(1.31)のように書き表す.

$$\left(\begin{bmatrix} 0 & 0 & 0 \\ a_{21} & 0 & 0 \\ a_{31} & a_{32} & 0 \end{bmatrix}+\begin{bmatrix} 0 & a_{12} & a_{13} \\ 0 & 0 & a_{23} \\ 0 & 0 & 0 \end{bmatrix}+\begin{bmatrix} a_{11} & 0 & 0 \\ 0 & a_{22} & 0 \\ 0 & 0 & a_{33} \end{bmatrix}\right)\begin{Bmatrix} x_1 \\ x_2 \\ x_3 \end{Bmatrix}=\begin{Bmatrix} b_1 \\ b_2 \\ b_3 \end{Bmatrix} \tag{1.31}$$

式(1.31)において, 左辺の下三角行列を $[L]$, 上三角行列を $[U]$, 対角行列を $[D]$, 未知変数ベクトルを $\{x\}$, 右辺ベクトルを $\{b\}$ とすると, 式(1.32)のように書くことができる. 上三角行列 $[U]$ が掛かる項を右辺に移項すると式(1.33)のようになる.

$$([L]+[U]+[D])\{x\}=\{b\} \tag{1.32}$$

$$([L]+[D])\{x\}=\{b\}-[U]\{x\} \tag{1.33}$$

式(1.33)において, 右辺の未知変数ベクトルを $\{x\}^{(k)}$, 左辺を $\{x\}^{(k+1)}$ とすると, 式(1.34)のように書くことができる. ここで, 下三角行列 $[L]$ が掛かる項を右辺に移項すると式(1.35)のようになる. ここが, Jacobi 法と異なる点である. 式(1.35)において, 左辺の行列 $[D]$ の逆行列を両辺に乗じることにより, 式(1.36)が得られ, 右辺側に反復回数 $k+1$ 回目の未知変数ベクトル $\{x\}$ の値を考慮する点が Jacobi 法との違いであり, 一般に Jacobi 法より速い収束特性を持つことで知られている. 収束判定については Jacobi 法と同様に設定することにより, 最終的に数値解 $\{x\}$ を算定することができる.

$$([L]+[D])\{x\}^{(k+1)}=\{b\}-[U]\{x\}^{(k)} \tag{1.34}$$

$$[D]\{x\}^{(k+1)}=\{b\}-[U]\{x\}^{(k)}-[L]\{x\}^{(k+1)} \tag{1.35}$$

$$\{x\}^{(k+1)}=[D]^{-1}(\{b\}-[U]\{x\}^{(k)}-[L]\{x\}^{(k+1)}) \tag{1.36}$$

(3) SOR 法

SOR 法は Successive Over-Relaxation 法の頭文字を取った方法であり, 加速係数 ω を適切に設定すると, Gauss-Seidel 法よりも更に早い収束特性を持つ方法として知られている. SOR 法による反復計算式を式(1.37), (1.38)に示す. Gauss-Seidel 法との違いは, $\{x'\}^{(k+1)}$ を導入している点である.

式(1.38)に示すように，**加速係数** ω を設定し，$\{x'\}^{(k+1)}$ と $\{x\}^{(k)}$ を代入することにより未知変数ベクトル $\{x\}^{(k+1)}$ を算定することができる．収束判定については Jacobi 法，Gauss-Seidel 法と同様に設定することにより，最終的に数値解 $\{x\}$ を算定することができる．

$$\{x'\}^{(k+1)}=[D]^{-1}(\{b\}-[U]\{x\}^{(k)}-[L]\{x\}^{(k+1)}) \tag{1.37}$$

$$\{x\}^{(k+1)}=\{x\}^{(k)}+\omega(\{x'\}^{(k+1)}-\{x\}^{(k)}) \tag{1.38}$$

1.4 連立方程式の数値計算の具体例

連立方程式の計算の具体例として，式(1.39)に示す連立方程式の解 x_1, x_2, x_3 を Gauss の消去法により求めることを考える．

$$\begin{aligned} 4x_1+ x_2 +2x_3 &=15 \\ 2x_1+4x_2+2x_3 &=22 \\ 3x_1+3x_2+4x_3 &=28 \end{aligned} \tag{1.39}$$

式(1.39)の係数と右辺の値を行列表記で示すと式(1.40)のように書くことができる．前進消去のプロセスに基づき計算を進めると式(1.40)～(1.42)のように展開できる．

$$\begin{bmatrix} 4 & 1 & 2 & 15 \\ 2 & 4 & 2 & 22 \\ 3 & 3 & 4 & 28 \end{bmatrix} \begin{matrix} (1) \\ (2) \\ (3) \end{matrix} \tag{1.40}$$

$$\begin{bmatrix} 4 & 1 & 2 & 15 \\ 0 & \dfrac{7}{2} & 1 & \dfrac{29}{2} \\ 0 & \dfrac{9}{4} & \dfrac{5}{2} & \dfrac{67}{4} \end{bmatrix} \begin{matrix} (1) \\ (2)'=(2)-(1)\times\dfrac{2}{4} \\ (3)'=(3)-(1)\times\dfrac{3}{4} \end{matrix} \tag{1.41}$$

$$\begin{bmatrix} 4 & 1 & 2 & 15 \\ 0 & \dfrac{7}{2} & 1 & \dfrac{29}{2} \\ 0 & 0 & \dfrac{13}{7} & \dfrac{52}{7} \end{bmatrix} \begin{matrix} (1) \\ (2)' \\ (3)''=(3)'-(2)'\times\dfrac{9}{14} \end{matrix} \tag{1.42}$$

また，後退代入のプロセスに基づき計算をすると，式(1.43)のように解を求めることができる．

$$\begin{aligned} x_3 &=\frac{52}{7}\times\frac{7}{13}=4 \\ x_2 &=\frac{2}{7}\times\left(\frac{29}{2}-1\times x_3\right)=\frac{2}{7}\times\left(\frac{29}{2}\times1\times4\right)=3 \\ x_1 &=\frac{1}{4}\times(15-2\times x_3-1\times x_2)=\frac{1}{4}\times(15-2\times4-1\times3)=1 \end{aligned} \tag{1.43}$$

式(1.39)を Jacobi 法，Gauss-Seidel 法による反復計算式の表示にすると式(1.44)，(1.45)のように書くことができる．右辺の未知変数ベクトルに初期値を設定し，算定された左辺の未知変数ベクトルの値を右辺に戻し，繰り返し計算する必要がある．最終的に k 回目と $k+1$ 回目の未知変数ベクト

ルの差が十分に無くなった場合に計算を終了することになる.

$$
\begin{Bmatrix} x_1 \\ x_2 \\ x_3 \end{Bmatrix}^{(k+1)} =
\begin{bmatrix} \dfrac{1}{4} & 0 & 0 \\[2mm] 0 & \dfrac{1}{4} & 0 \\[2mm] 0 & 0 & \dfrac{1}{4} \end{bmatrix}
\left(\begin{Bmatrix} 15 \\ 22 \\ 28 \end{Bmatrix} -
\begin{bmatrix} 0 & 1 & 2 \\ 2 & 0 & 2 \\ 3 & 3 & 0 \end{bmatrix}
\begin{Bmatrix} x_1 \\ x_2 \\ x_3 \end{Bmatrix}^{(k)} \right)
\tag{1.44}
$$

$$
\begin{Bmatrix} x_1 \\ x_2 \\ x_3 \end{Bmatrix}^{(k+1)} =
\begin{bmatrix} \dfrac{1}{4} & 0 & 0 \\[2mm] 0 & \dfrac{1}{4} & 0 \\[2mm] 0 & 0 & \dfrac{1}{4} \end{bmatrix}
\left(\begin{Bmatrix} 15 \\ 22 \\ 28 \end{Bmatrix} -
\begin{bmatrix} 0 & 1 & 2 \\ 0 & 0 & 2 \\ 0 & 0 & 0 \end{bmatrix}
\begin{Bmatrix} x_1 \\ x_2 \\ x_3 \end{Bmatrix}^{(k)} -
\begin{bmatrix} 0 & 0 & 0 \\ 2 & 0 & 0 \\ 3 & 3 & 0 \end{bmatrix}
\begin{Bmatrix} x_1 \\ x_2 \\ x_3 \end{Bmatrix}^{(k+1)} \right)
\tag{1.45}
$$

第2章

Fortran90/95・MATLAB によるプログラムの基礎, 数値計算演習

　本章では，Fortran90/95・MATLAB によるプログラム作成の基礎について説明する．Fortran や MATLAB は工学分野において主流プログラミング言語であり，科学技術計算のプログラミング言語として幅広く使用されている．プログラミング言語について簡単に説明をし，その後，プログラム例を記載する．本書では，以下の章における説明において，理論とプログラムをセットとし，説明をするため，プログラムをする際は，本章を先に読んでおくことを勧める．以下に示すプログラムでは，一部古い記述（文法）を含むものもあるが，Fortran90/95 としてもコンパイルできるため問題はない．プログラム言語の詳細の説明は，プログラム言語の専門書に譲り，ここでは最低限の内容について説明する．なお，比較しやすいため，Fortran90/95・MATLAB によるプログラム中にほぼ同じ変数を定義する．

2.1 Fortran90/95 によるプログラム作成の基礎

　本節では，Fortran90/95 によるプログラム作成の基礎について解説する．Fortran90/95 では，プログラムのメイン文は，以下のように，"program"，"end program" により括る必要があり，*****のところはたとえば "example" 等，任意ではあるが名前付けする必要がある．

```
program *****
---- （プログラム本文） ----
end program *****
```

上記において，本文も含め，左詰めで記載しても良い．見やすさを考え，スペースを入れながらプログラムを作成することもある．以下のように，先頭に!を付けるとコメント文となり，プログラム作成者のコメントを記載することができる．

```
program example
! comment out
---- （プログラム本文） ----
end program example
```

　プログラム中において，四則演算等に使用する変数は，整数・実数とそれぞれ宣言する必要がある．implicit double precision（a-h,o-z）は倍精度によるプログラムを示しており，この定義をしないと単精度の計算となる．a-h,o-z が頭文字になる変数は倍精度実数（ex a=1.1d0），i,j,k,l,m,n が頭文字になる場合は整数（ex i=120）を表す．

Example 1：do 文を使用した Fortran プログラム例

以下に，式(2.1)に示す 1～n までの足し算のプログラムを示す．

$$ia = 1+2+3+\cdots+n \tag{2.1}$$

```
 1 program example
 2 !
 3       implicit double precision （ a-h, o-z ）
 4 !
 5       read （*,*） n
 6 !
 7       ia=0
 8 !
 9       do i= 1,n
10        ia= ia + i
11       end do
12 !
13       write （*,100） ia
14 100   format （i5）
15 !
16 end program example
```

5 行目：read 文．read（*,*）の最初の * は open 文におけるファイル番号，後半の * は入力フォーマットの番号を入力する所であり，ファイル指定せず，入力の形式も自由の場合は，（*,*）とする．

7 行目：ia の零クリア

9～11 行目：1～n までの総和のループであり，10 行目の ia=ia + 1 は，右辺を左辺に代入するということを示す．

13 行目：write 文．write（*,100）の最初の * は read 文と同様，open 文におけるファイル番号を示し，後半の 100 は 14 行目に示す出力形式により ia を出力することを意味する．

14 行目：最初の 100 は，13 行目の write 文の出力フォーマットの番号であり，format（i5）は，5 カラム内に ia を出力することを意味する．

Example 2：組み込み関数を用いた Fortran プログラム例

　以下に，組み込み関数である sin や √ の計算を入れ式(2.2)，(2.3)の計算に関するプログラムを示す．

$$aa = \sin(\theta) \tag{2.2}$$

$$bb = \sqrt{aa} \tag{2.3}$$

```
1 program example
2       implicit double precision （a-h, o-z）
3 !
4       read （*,*）  theta
5 !
6       rad = theta * 3.1415926535d0 / 180.d0
7 !
8       aa= sin （rad）
9       bb = dsqrt （aa）
10 !
11      write （*,110）  aa, bb
12 110  format （2f15.10）
13 end program example
```

3行目：角度 theta を入力.

6行目：theta をラジアンにし，rad とする.

8行目：aa に sin（θ）値を代入する.

9行目：bb に√aa の値を代入する.

11行目：aa と bb を出力する.

12行目：aa と bb を 15 カラム内に小数点以下 10 桁で出力する.

Example 3：if 文を用いた Fortran プログラム例

　以下に，if 文を用いたプログラムの例を示す. aa＜bb なら aa を出力し，aa＜bb でなければ，bb を出力する内容を if 文を用いて作成した例である.

```
1 program example
2       implicit double precision （a-h, o-z）
3 !
4       read （*,*）  aa
5       bb=10.d0
6       if （aa.lt. bb）then
7         write （*,*）  aa
8       else
9         write （*,*）  bb
10      end if
11 !
12 end program example
```

6〜10 行目：if 文による判定. 6 行目の then は, aa＜bb の場合, else までの処理を実施するということを意味する. else は, aa＜bb の条件を満たさない場合は end if までの間の処理を実施するということを意味する.

Example 4：配列および open 文を用いた Fortran プログラム例

　以下は, 配列および open 文を用いた計算の例であり, 式(2.4)に示す行列 aa とベクトル bb の積の計算を示している.

$$
\begin{bmatrix} aa_{1,1} & aa_{1,2} & \cdots & aa_{1,nx} \\ aa_{2,1} & aa_{2,2} & \cdots & aa_{2,nx} \\ \vdots & \vdots & \ddots & \vdots \\ aa_{nx,1} & aa_{nx,2} & \cdots & aa_{nx,nx} \end{bmatrix} \begin{Bmatrix} bb_1 \\ bb_2 \\ \vdots \\ bb_{nx} \end{Bmatrix} = \begin{Bmatrix} cc_1 \\ cc_2 \\ \vdots \\ cc_{nx} \end{Bmatrix} \tag{2.4}
$$

```
1 program example
2 !
3       parameter （md1=100）
4       implicit double precision  （a-h,o-z）
5       dimension aa （md1,md1）, bb （md1）, cc （md1）
6 !
7       open （10,file='input1.dat'）
8       open （11,file='output1.dat'）
9 !
10      read （10,' （a80） '）
11      read （10,*）  nx
12      read （10,' （a80） '）
13      read （10,*）  （（aa （i,j）, j=1,nx）,i=1,nx）
14      read （10,' （a80） '）
15      read （10,*）  （bb （i） ,i=1,nx）
16 !
17      do i = 1,nx
18      ww = 0.d0
19       do j = 1,nx
20       ww = ww + aa （i,j） *bb （j）
21       end do
22      cc （i）  = ww
23      end do
24 !
25      write （11,*）  'Computational result'
26      do i = 1,nx
27       write （11,222） cc （i）
28      end do
29 222  format （f10.5）
```

30 !
31 end program example

3 行目：parameter 文．5 行目の配列のサイズを md1 というパラメータを宣言して使用している．

5 行目：配列を定義する場合は，dimension と記載し，その後ろに各変数の配列を示す．aa（md1,md1），は行列，bb（md1），cc（md1）はベクトルを示す．

7,8 行目：open 文．10 番を入力データのファイル，11 番を出力データのファイルとしている．

10 行目：read（10,'（a80）'）は input.dat のデータのファイルの第一行目の文字列が入っていることを意味する．（12,14 行目も read（10,'（a80）'）も同様である．）

13 行目：（（aa（i,j），j=1,nx),i=1,nx）は，まず，i=1 で固定して，j=1～nx まで aa の行列の成分を読み込み，次に i=2 に対して j=1～nx と aa の行列の成分の読み込みを続け，i=nx に対する j=1～nx，まで続けて読み込み処理することを意味する．

15 行目：ベクトル bb の 1 番目の成分から nx 番目の成分まで読み込み処理をすることを意味する．

17～23 行目：do 文の 2 重ループによる行列とベクトルの積の計算を実施している．行列 aa の 1 行目とベクトル bb の積を計算し，ベクトル cc の第一成分が求まり，次に行列 aa の 2 行目とベクトル bb の積を計算という流れで，順次計算が進められる．

26～28 行目：ベクトル cc のファイルへの出力処理をしている．ファイル番号 11 番の output.dat へベクトル cc の値が出力される．出力の形式は 29 行目に示すとおりであり，10 カラム内に小数点以下 5 桁で出力される．

以下に input.dat を入力して，計算後出力される output.dat の例を示す．

input1.dat（例）
number of variable
2
matrix aa
1 2
2 3
vector bb
1
2
output1.dat（例）
Computational result
　5.00000
　8.00000

Example 5：反復計算

以下は，副プログラムを用いたプログラム例を示す．式(2.5)に示す行列とベクトルの積を計算し，右辺で求まったベクトルを左辺のベクトルに戻して順次計算を進める．l は反復回数を示す．以下は

imax 回計算するプログラムとなっている.

$$
\begin{bmatrix}
aa_{1,1} & aa_{1,2} & \cdots & aa_{1,nx} \\
aa_{2,1} & aa_{2,2} & \cdots & aa_{2,nx} \\
\vdots & \vdots & \ddots & \vdots \\
aa_{nx,1} & aa_{2,nx} & \cdots & aa_{nx,nx}
\end{bmatrix}
\begin{Bmatrix}
bb_1 \\ bb_2 \\ \vdots \\ bb_{nx}
\end{Bmatrix}^{(l)}
=
\begin{Bmatrix}
bb_1 \\ bb_2 \\ \vdots \\ bb_{nx}
\end{Bmatrix}^{(l+1)}
\tag{2.5}
$$

```
1 program example
2         parameter （md1=100）
3         implicit double precision （a-h,o-z）
4         dimension aa （md1,md1） , bb （md1） , cc （md1）
5 !
6         open （10,file='input2.dat'）
7         open （11,file='output2.dat'）
8 !
9         read （10,' （a80） '）
10        read （10,*）  imax
11 !
12        read （10,' （a80） '）
13        read （10,*）  iout
14 !
15        read （10,' （a80） '）
16        read （10,*）  nx
17 !
18        read （10,' （a80） '）
19        read （10,*）   ((aa （i,j） , i=1,nx) ,j=1,nx)
20 !
21        read （10,' （a80） '）
22        read （10,*）   (bb （i） ,i=1,nx)
23 !
24        do istep= 1,imax
25 !
26 !===== calculation of matrix vector product
27 !
28        call calcu （ nx, aa, bb, cc, md1 ）
29 !
30 !===== ourput of computational result
31 !
32        if （ mod （istep,iout） .eq. 0 ）  then
33 !
34        write （11,*）  'istep=',istep
35        do i= 1,nx
36         write （11,222）  cc （i）
37        end do
```

```
38   222  format（f10.5）
39 !
40     else
41     end if
42 !
43 !===== step change
44 !
45     do i= 1,nx
46   bb（i） = cc（i）
47     end do
48 !
49     end do
50 !
51 end program example
52 !
53 !===============================
54 !
55     subroutine calcu &
56     （nx, aa, bb, cc, md1 ）
57 !
58 !===============================
59 !
60     implicit double precision （a-h,o-z）
61     dimension aa（md1,md1）, bb（*）, cc（*）
62 !
63     do i= 1,nx
64      ww= 0.d0
65     do j = 1,nx
66      ww = ww + aa（i,j）*bb（j）
67     end do
68     cc（i） = ww
69     end do
70 !
71 end subroutine calcu
```

28 行目：55〜71 行目の subroutine（副プログラム）に対応した call 文である．55〜71 行目の sub-routine は，式(2.5)の計算を実施するためのものであるが，例えば，行列として別の行列 xx，別のベクトル yy を用いた場合，56 行目の内容を（nx, xx, yy, cc, md1）とすることで，別の値を入れて同様の計算が可能となる．このように，使い回しができるという点では便利である．

32 行目：mod（istep,iout）は，istep を iout により割った際の余りの値を示しており，ここの if 文では mod（istep,iout）の値（istep/iout の余り）が零ならば，output2.dat へ出力し，零でない場合は，41 行目以降の計算をするということを示している．

55〜71 行目：55 行目の ＆ は，改行をしても 1 文であることを示しており，以下と同様の内容である．

subroutine calcu （ nx, aa, bb, cc, md1 ）

subroutine も以下のように，subroutine 名で括る必要があり，今回は calcu と名前を付けている．

subroutine *****
----（副プログラム本文）----
end subroutine *****

以下に input2.dat を入力して，計算後出力される output2.dat の例を示す．

input2.dat（例）

```
##### imax
4
##### iout
2
##### number of variable
2
##### matrix aa
1 2
2 3
##### vector bb
1
2
```

output2.dat（例）

```
istep= 2
   21.00000
   34.00000
 istep= 4
 377.00000
 610.00000
```

2.2　MATLAB によるプログラム作成の基礎

　本節では，MATLAB によるプログラム作成の基礎について解説する．MATLAB は，Fortran 90/95 と違って，デバッグやコンパイルなどユーザーが不慣れプロセスはなく，対話形式（インタプリタ）として直観的に数値解析のアルゴリズムを数式で表示することが可能である．また，数多くの数値計算アルゴリズムが実装されており，使いやすい環境になっている．数値解析によく利用する行列計算，微分積分，Excel データとの連携，スクリプト作成によるデータ処理の自動化，グラフィックによるデータの可視化など特徴が挙げられる．さらに，MATLAB の Simulink を利用すると，GUI（Graphical User Interface）環境で数値解析およびシミュレーションができる．

　コマンドウィンドウで MATLAB プログラムを作成する場合，以前に定義したパラメータを無効

にするため，下記のように，新規プログラムの先頭に "clear all" を入れることをおすすめする.
（注：clc コマンドはウィンドウのクリアができるが，定義したパラメータは無効にならない.）

```
>> clear all
---- （プログラム本文）----
```

MATLAB は対話形式でプログラミングするため，下記のように，回答表示が欲しい場合入力した 1 行の末に「；」を入力せず，回答が出てくる．一方，全体プログラムが見えやすいために回答表示が不要な場合，1 行の末に「；」を入力して回答を隠すことができる．また，先頭に「%」を付けるとコメント文となる.

```
>> clear all   % 以前に定義したパラメータを無効にする.
>> a = 0   % 回答表示が欲しい場合，「；」を入力しない.
a =
    0        （回答 a = 0 を表示する.）
>> b = 1；  % 回答表示が不要な場合，「；」を入力する.
>>          （回答 b = 1 を表示しない.）
```

MATLAB プログラム中において，四則演算等に使用する変数は，整数・実数とそれぞれ宣言する必要がないが，回答数字を違う桁数で表示するために format ステートメントが装備されている．format ステートメントの後ろにキーワードを設定すると，出力数字の桁数がコントロールできる.

```
>> clear all
>> format short   % short は 5 桁の固定小数点表示するキーワード
>> c = pi   % MATLAB に pi は円周率を指す.
c =
   3.1416   （回答）
>> format long e   % long e は 16 桁の浮動小数点表示するキーワード
>> c = pi   % MATLAB に pi は円周率を指す.
c =
   3.141592653589793e + 00    （MATLAB に指数表現は e とする.）
```

Example 1：for 文を使用した成 MATLAB プログラム例

MATLAB を用いて繰り返し計算では Fortran の do 文ではなく，for 文を使用する．以下に，式 (2.1) を利用して 1～n（n＝100 を例として）までの足し算のプログラムを示す.

```
>> clear all
>> ia = 0；% ia の初期値を 0 と設定する.
>> n = 100；% n の値を 100 と設定する.
>> for i = 1：1：n   % 繰り返し回数 i は増分 1 として 1～n まで
   ia = ia + i；% i は 1～n までの総和のループ
   end   % for 文の場合，プログラムの最後に end 文が必要である.
```

```
>> ia  %ループ最後の結果を表示する（結果を表示する場合末の「;」を省略）
ia =
  5050 （回答）
```

Example 2：組み込み関数を用いた MATLAB プログラム例

　以下に，組み込み関数である sin や√の計算を入れ式(2.2)，(2.3)の計算に関する MATLAB のプログラムを示す（$\theta=30°$ を例として）．

```
>> clear all
>> theta = 30；% 角度 θ を 30° と設定する．
>> rad = theta*pi/180；% 角度 θ をラジアンにし，rad とする．
>> aa = sin （rad）；% aa に sin（θ）値を代入する．（回答表示の場合，末の「;」を省略）
>> bb = sqrt （aa）；% bb に√aa の値を代入する．（回答表示の場合，末の「;」を省略）
```

Example 3：if 文を用いたプログラム例

　以下に，if 文を用いたプログラムの例を示す．aa<bb なら aa を出力し，aa<bb でなければ，bb を出力する内容を if 文を用いて作成した例である．

```
>> clear all
>> aa = 2；% aa の値を設定する．
>> bb = 1；% bb の値を設定する．
>> if aa < bb
   aa  % aa < bb なら aa を出力する．
   else
   bb  % aa < bb でなければ bb を出力する．
   end  % if 文の場合，プログラムの最後に end 文が必要である．
bb =
  1 （回答）
```

Example 4：配列および importdata 文を用いた MATLAB プログラム例

　MATLAB を用いて配列計算では直接掛け算の形で計算できる．また，MATLAB では行列とベクトルの dat ファイルや Excel ファイルを入力・出力することが可能である．以下は，配列および importdata 文を用いた計算の例であり，式(2.4)に示す行列 aa とベクトル bb の積の計算を示している．ここで，作業フォルダを事前に指定し，入力ファイル aa.dat と bb.dat をこのフォルダに用意する．

```
>> clear all
>> aa = importdata （'aa.dat'）；%aa.dat ファイル（行列 aa）を入力する．
>> bb = importdata （'bb.dat'）；%bb.dat ファイル（ベクトル bb）を入力する．
>> cc = aa*bb；% 行列 aa とベクトル bb の積の計算結果を cc として出力する．
```

```
>> outdata = fopen （'output1.dat', 'w'）;
% 出力ファイル output.dat を開く（ない場合新規作成），'w' は既存内容を廃棄する.
>> fprintf （outdata, 'Computational result\n'）;
>> fprintf （outdata, '%.5f\n', round （cc））; % 結果ファイルに cc 結果を小数 5 桁として記入する.
```

以下に行列ファイル aa.dat とベクトルファイル bb.dat を入力して，計算後出力される output1.dat の例を示す.

aa.dat（例）
1 2
2 3
bb.dat（例）
1
2
output1.dat（例）
Computational result
5.00000
8.00000

MATLAB を用いて配列計算では直接掛け算の形で計算できるが，数値解析の中身を理解するため，下記のようにループ計算プログラムを推奨する. aa.dat と bb.dat を入力し，同じ出力結果 output1.dat が得られる.

```
>> clear all
>> nx = 2 ; % 変数は 2
>> aa = importdata （'aa.dat'）; %aa.dat ファイル（行列 aa）を入力する.
>> bb = importdata （'bb.dat'）; %bb.dat ファイル（ベクトル bb）を入力する.
>> outdata = fopen （'output1.dat', 'w'）;
>> for i = 1：nx
   ww = 0 ;
   for j = 1：nx
   ww = ww + aa （i, j） *bb （j）;
   end
   cc （i） = ww ;
   end
>> fprintf （outdata, 'Computational result\n'）;
>> for i = 1：nx
   fprintf （outdata, '%.5f\n', cc （i））;
   end
```

Example 5：反復計算

MATLAB では M ファイル（拡張子 .m）の作成により，操作の自動化や新関数の定義などが可能

である．以下は，Mファイル（新関数の定義）を用いたMATLABプログラム例を示す．式(2.5)に示す行列とベクトルの積を計算し，右辺で求まったベクトルを左辺のベクトルに戻して順次計算を進める．lは反復回数を示し，imax回まで計算する．ここで，作業フォルダを事前に指定し，入力ファイルaa.datとbb.datをこのフォルダに用意する．

　　まずは新規作成で「関数」をクリックし，下記のように行列とベクトルの積の関数calcuを作成する．

```
function ［cc］= calcu （aa，bb）　% 行列 aa とベクトル bb の積を計算する関数を定義する．
cc = aa*bb；
end
```

　　次に，calcu.mをファイル名として作業フォルダに保存する．続いて，コマンドウィンドウに下記のようにMATLABプログラムを作成する．（注：Example 1に示すように，MATLABの繰り返し計算ではfor文ができるが，今回はwhile文を利用し反復計算を行う．特に，収束判定がある場合，while文の使用を推奨する．）

```
>> clear all
>> aa = importdata （'aa.dat'）；%aa.dat ファイル（行列 aa）を入力する．
>> bb = importdata （'bb.dat'）；%bb.dat ファイル（ベクトル bb）を入力する．
>> imax = 4；% 最大反復回数 imax を 4 回と設定する．
>> i = 0；% 繰り返し回数 i の初期値を 0 と設定する（注：MATLAB には i は虚数単位としても利用すること
を注意する．）
>> while i < imax
    i = i + 1；% 反復回数 i は増分 1 として imax 回まで計算する．
    bb = calcu （aa，bb）；% 関数 calcu を実行する．
    fid = fopen （'output2.dat'，'a'）；% 出力ファイル output2.dat を開く（ない場合新規作成），'a' は既存ファイ
ルにある元データの末尾に新データを追加するが，新規の場合 'w' が推奨する．
    fprintf （fid，'istep=% d\n'，i）；% 結果ファイルに回数 i を整数として記入する．
    fprintf （fid，'  %.5f\n'，round （bb））；% 結果ファイルに積の結果を小数 5 桁として記入する．
    end  % while 文の場合，プログラムの最後に end 文が必要である．
```

　　以下に行列ファイルaa.datとベクトルファイルbb.datを入力して，計算後出力されるout-put2.datの例を示す．

aa.dat（例）
1 2
2 3
bb.dat（例）
1
2
output2.dat（例）

istep=1
　5.00000
　8.00000
istep=2
　21.00000
　34.00000
istep=3
　89.00000
　144.00000
istep=4
　377.00000
　610.00000

練 習 問 題

　Fortran90/95 あるいは MATLAB を用いて，Gauss の消去法により，以下の連立方程式（式(2.6)）を計算する計算プログラムを作成せよ.

$$\begin{bmatrix} 4 & 1 & 2 \\ 3 & 6 & 1 \\ 1 & 2 & 5 \end{bmatrix} \begin{Bmatrix} u_{(1)} \\ u_{(2)} \\ u_{(3)} \end{Bmatrix} = \begin{Bmatrix} 25 \\ 34 \\ 16 \end{Bmatrix} \tag{2.6}$$

参 考 文 献

・牛島　省：数値計算のための Fortran90/95 プログラミング入門，森北出版，2007.
・藤井　文夫, 田中　真人, 佐藤　維美：Fortran90/95 による有限要素法プログラミング　非線形シェル要素プログラム付, 丸善出版, 2013.
・青山　貴伸, 倉本　一峰, 森口　肇：最新 使える！MATLAB 第 2 版, 講談社, 2016.

第3章

微分方程式の数値計算

本章では，まず，一階微分方程式の数値計算と**数値積分**の関係性を示す．次に，二階微分方程式の数値計算において使用する数式の誘導の仕方について説明する．

3.1　一階微分方程式の数値計算

まず，式(3.1)に示す一階微分方程式に対して，時間刻み Δt ごとに計算する式の誘導を考える．ここに u は算定したい物理変数（たとえば，変位），t は時間とし，右辺 $f(t, u)$ は t，u により与えられる関数を示す．

$$\frac{d}{dt}u(t) = f(t, u) \tag{3.1}$$

現在の時刻を t とし，時間刻み Δt 後の $t + \Delta t$ の間において，式(3.1)を時間 t に対して積分すると式(3.2)のように書くことができる．

$$\int_t^{t+\Delta t} \frac{d}{dt}u(t)dt = \int_t^{t+\Delta t} f(t, u)dt \tag{3.2}$$

式(3.2)の左辺を計算すると，式(3.3)のように記載することができ，未来（時刻：$t + \Delta t$）の物理変数 u の値を左辺に置き，整理すると式(3.4)のように書くことができる．

$$u(t+\Delta t) - u(t) = \int_t^{t+\Delta t} f(t, u)dt \tag{3.3}$$

$$u(t+\Delta t) = u(t) + \int_t^{t+\Delta t} f(t, u)dt \tag{3.4}$$

式(3.4)の右辺の積分の項の積分を図3.1のように近似的に表すことを考える．

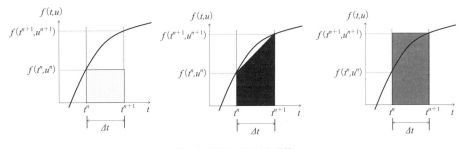

図 3.1　積分の近似的計算

　式(3.4)の右辺の積分を，図3.1の左の図による計算をする場合を **Euler 法**（式(3.5)），真ん中の図による計算をする場合を **Crank-Nicolson 法**（式(3.6)），右の図による計算をする場合を**後退 Euler 法**（式(3.7)）と呼ぶ．これは，式(3.4)の右辺の積分をどのように表すかにより，微分方程式を数値的に計算する場合の精度が異なることを表している．式(3.4)の右辺の積分を図3.1のように近似的に計算する積分は数値積分と呼ばれる．これらの式より，時間ステップ n に関する値を与えることで，$n+1$ ステップの物理量 u を算定することができる．**初期条件**を与えることにより，逐次的に，微分方程式の解 u を得ることができる．

$$u^{n+1}=u^n+f(t^n, u^n)\Delta t \tag{3.5}$$

$$u^{n+1}=u^n+\frac{\Delta t}{2}(f(t^n, u^n)+f(t^{n+1}, u^{n+1})) \tag{3.6}$$

$$u^{n+1}=u^n+f(t^{n+1}, u^{n+1})\Delta t \tag{3.7}$$

3.2　二階微分方程式の数値計算

　次に図3.2に示す振動モデル（二階微分方程式）の数値計算について考える．
　まず，式(3.8)に示す**振動方程式**を導入する．

$$m\frac{d^2u}{dt^2}+c\frac{du}{dt}+ku=f \tag{3.8}$$

ここに，質量 m，減衰定数 c，バネ定数 k，外力 f である．式(3.8)において，加速度の項以外を右辺に移項し，両辺を m で割ると式(3.9)のようになる．

$$\frac{d^2u}{dt^2}=-\frac{c}{m}\frac{du}{dt}-\frac{k}{m}u+\frac{f}{m} \tag{3.9}$$

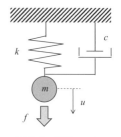

図 3.2　振動モデル

　ここで，式(3.9)を時間ステップ n において解くことを考える（図3.3参照）．Δt は時間刻みを示す．
　ここで，右辺第1項の速度の項を t^n と $t^n+\Delta t$ の間の傾きにより表されるとし，左辺の加速度の項は，図3.3の t^n の時間前後における速度（変位の傾き）の変化分（傾き）とすると，式(3.10)のように表される．

$$\frac{u^{n+1}-2u^n+u^{n-1}}{\Delta t^2}=-\frac{c}{m}\frac{u^{n+1}-u^n}{\Delta t}-\frac{k}{m}u^n+\frac{f^n}{m} \tag{3.10}$$

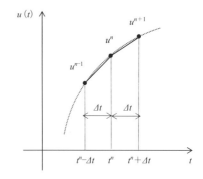

図 3.3　各時間ステップにおける変位

ここに，u^n は，現時刻（n ステップ）における変位，u^{n+1} は将来（$n+1$ ステップ）の変位，u^{n-1} は過去（$n-1$ ステップ）の変位を示す．式(3.10)を将来の変位 u^{n+1} との等式に書き直すと，式(3.11)のようになる．

$$u^{n+1}=\frac{\left(\dfrac{c\Delta t}{m}-\dfrac{k\Delta t^2}{m}+2\right)u^n-u^{n-1}+\dfrac{f^n\Delta t^2}{m}}{1+\dfrac{c\Delta t}{m}} \tag{3.11}$$

初期変位 u^0 と初速度 v^0 の条件を与えることで，式(3.11)を解くことができる．u^{-1}（初期変位より時間刻み Δt 過去に遡ったの変位）については，初速度を変位の変化量と考えることで $u^{-1}=u^0-\Delta t v^0$ を計算することで与えることができる．

　次に，**平均加速度法**による振動方程式の解法について紹介する．本手法は，加速度の変化をある時間区間において，平均値で表した場合における速度・変位の計算法である．n ステップ，$n+1$ ステップにおける加速度の平均を計算すると，式(3.12)のように記載することができる．ここに u の上のドット記号は時間 t による微分を示し，1つドットがあるものは速度，2つドットがあるものは加速度を示す．

$$\ddot{u}^\tau=\frac{1}{2}(\ddot{u}^{n+1}+\ddot{u}^n) \tag{3.12}$$

　ここで，n ステップ目の速度を $\dot{u}^n$ として，n ステップ目から時間 τ 過ぎた後の速度 $\dot{u}^\tau$ を求める式を考えると，式(3.13)に示すように，「速度 $\dot{u}^n$」と「時間区間 0（n ステップ目の時間）〜τ までの間の加速度を時間積分した値」を足すことで「速度 $\dot{u}^\tau$」を求めることができる．ここで，この時間積分の式を式(3.12)により表すことを考える．n ステップ，$n+1$ ステップの加速度の値（$\ddot{u}^{n+1}$ および $\ddot{u}^n$）が既知の定数とすると，「速度 $\dot{u}^\tau$」を式(3.13)のように書き表すことができる．時間 τ を時間刻み Δt に置き換えると，式(3.14)のように書き改めることができる．

$$\dot{u}^\tau=\dot{u}^n+\int_0^\tau \ddot{u}^\tau d\tau=\dot{u}^n+\int_0^\tau \frac{1}{2}(\ddot{u}^{n+1}+\ddot{u}^n)d\tau$$

$$=\dot{u}^n+\frac{1}{2}(\ddot{u}^{n+1}+\ddot{u}^n)\int_0^\tau d\tau=\dot{u}^n+\frac{1}{2}(\ddot{u}^{n+1}+\ddot{u}^n)\tau \tag{3.13}$$

$$\dot{u}^{n+1}=\dot{u}^n+\frac{1}{2}(\ddot{u}^{n+1}+\ddot{u}^n)\Delta t \tag{3.14}$$

同様に，n ステップ目の変位を u^n として，n ステップ目から時間 τ 過ぎた後の変位 u^τ を求める式を考えると，式(3.15)に示すように，「変位 u^n」と「時間区間 0（n ステップ目の時間）〜τ までの間の速度を時間積分した値」を足すことで「変位 u^τ」を求めることができる．ここで，式(3.15)における「速度 $\dot{u}^\tau$」は式(3.13)を代入することにより計算を進める．式(3.15)における時間 τ を時間刻み Δt に置き換えると，式(3.16)のように書き改めることができる．

$$u^\tau=u^n+\int_0^\tau \dot{u}^\tau d\tau=u^n+\int_0^\tau \left(\dot{u}^n+\frac{1}{2}(\ddot{u}^{n+1}+\ddot{u}^n)\tau\right)d\tau$$

$$=u^n+\dot{u}^n\int_0^\tau d\tau+\frac{1}{2}(\ddot{u}^{n+1}+\ddot{u}^n)\int_0^\tau \tau\, d\tau=u^n+\dot{u}^n\tau+\frac{1}{4}(\ddot{u}^{n+1}+\ddot{u}^n)\tau^2 \tag{3.15}$$

$$u^{n+1}=u^n+\dot{u}^n\Delta t+\frac{1}{4}(\ddot{u}^{n+1}+\ddot{u}^n)\Delta t^2 \tag{3.16}$$

式(3.14)，(3.16)において $n+1$ ステップ目の速度，変位は計算できるが，両式の右辺にある $n+1$ ステップ目の加速度 $\ddot{u}^{n+1}$ が求まらないと右辺は計算できないことになる．そこで，式(3.17)のように，$n+1$ ステップ目における振動方程式を導入し，$n+1$ ステップ目における加速度 $\ddot{u}^{n+1}$ の算定式を考える．

$$m\ddot{u}^{n+1}+c\dot{u}^{n+1}+ku^{n+1}=f^{n+1} \tag{3.17}$$

式(3.17)に式(3.14)，(3.16)を代入すると式(3.18)のように書くことができる．式(3.18)を $n+1$ ステップ目の加速度の項を左辺に取りまとめると式(3.19)のようになり，最終的に，式(3.20)のように書くことができる．式(3.20)より $n+1$ ステップ目の加速度が計算できる．

$$m\ddot{u}^{n+1}+c(\dot{u}^n+\frac{1}{2}(\ddot{u}^{n+1}+\ddot{u}^n)\Delta t)+k(u^n+\dot{u}^n\Delta t+\frac{1}{4}(\ddot{u}^{n+1}+\ddot{u}^n)\Delta t^2)=f^{n+1} \tag{3.18}$$

$$\left(m+\frac{\Delta t}{2}c+\frac{1}{4}\Delta t^2 k\right)\ddot{u}^{n+1}=f^{n+1}-c\left(\dot{u}^n+\frac{\Delta t}{2}\ddot{u}^n\right)-k(u^n+\Delta t\dot{u}^n+\frac{1}{4}\Delta t^2\ddot{u}^n) \tag{3.19}$$

$$\ddot{u}^{n+1}=\frac{1}{m+\frac{\Delta t}{2}c+\frac{1}{4}\Delta t^2 k}\times\left(f^{n+1}-c\left(\dot{u}^n+\frac{\Delta t}{2}\ddot{u}^n\right)-k\left(u^n+\Delta t\dot{u}^n+\frac{1}{4}\Delta t^2\ddot{u}^n\right)\right) \tag{3.20}$$

ここで，式(3.13)の右辺の時間積分の仕方について改めて考える．式(3.13)の計算では，$\ddot{u}^\tau$ を n ステップと $n+1$ ステップの平均の加速度で表して計算を進めたが，加速度の変化をある時間区間において，「線形の関数」で表した場合における速度・変位の計算法がある．この方法を**線形加速度法**と呼ぶ．まず，$\ddot{u}^\tau$ を式(3.21)のように τ による線形の関数で表す．

$$\ddot{u}^\tau=\ddot{u}^n+\frac{\tau}{\Delta t}(\ddot{u}^{n+1}-\ddot{u}^n) \tag{3.21}$$

式(3.21)を式(3.13)の右辺に代入して計算を進めると，式(3.22)のように書くことができる．式(3.22)の τ を時間刻み Δt に置き換え，整理すると式(3.23)のようになる．この式は平均加速度法で求めた式(3.14)と同じ式であることがわかる．

$$\dot{u}^\tau=\dot{u}^n+\int_0^\tau \ddot{u}^\tau d\tau=\dot{u}^n+\int_0^\tau(\ddot{u}^n+\frac{\tau}{\Delta t}(\ddot{u}^{n+1}-\ddot{u}^n))d\tau$$
$$=\dot{u}^n+\ddot{u}^n\tau+\frac{1}{2\Delta t}(\ddot{u}^{n+1}-\ddot{u}^n)\tau^2 \tag{3.22}$$

$$\dot{u}^{n+1}=\dot{u}^n+\frac{1}{2}(\ddot{u}^{n+1}+\ddot{u}^n)\Delta t \tag{3.23}$$

次に変位の式について考えてみる．式(3.22)を用いて，式(3.15)と同様に計算を進める．展開を進めると，式(3.24)のようになり，平均加速度法により求めた式(3.15)とは異なることがわかる．また，式(3.24)の τ に時間刻み Δt に置き換え整理すると式(3.25)のようになる．結果として，式(3.25)は式(3.16)とは異なり，平均加速度法と線形加速度法では，速度の計算式は同様であるが，変位の計算式が異なることがわかる．

$$u^\tau=u^n+\int_0^\tau \dot{u}^\tau d\tau=u^n+\int_0^\tau(\dot{u}^n+\ddot{u}^n\tau+\frac{1}{2\Delta t}(\ddot{u}^{n+1}-\ddot{u}^n)\tau^2)d\tau$$
$$=u^n+\dot{u}^n\tau+\frac{1}{2}\ddot{u}^n\tau^2+\frac{1}{6\Delta t}(\ddot{u}^{n+1}-\ddot{u}^n)\tau^3 \tag{3.24}$$

$$u^{n+1}=u^n+\dot{u}^n\Delta t+\frac{1}{3}\ddot{u}^n\Delta t^2+\frac{1}{6}\ddot{u}^{n+1}\Delta t^2 \tag{3.25}$$

上記を一般化するためにパラメータ β を導入し，平均加速度法と線形加速度法はまとめて **Newmark の β 法**とも呼ばれる．上にも記したように，平均加速度法，線形加速度法では速度の計算式は

同様のものとなり，再掲すると式(3.26)のように書ける．また，変位の計算式は，パラメータ β により，式(3.27)のように書くこができ，$\beta=\dfrac{1}{4}$ のときは平均加速度法，$\beta=\dfrac{1}{6}$ のときは線形加速度法となる．平均加速度法において説明をしたように，式(3.17)に対して式(3.26)，(3.27)を代入すると式(3.28)が求まる．

$$\dot{u}^{n+1}=\dot{u}^n+\frac{1}{2}(\ddot{u}^{n+1}+\ddot{u}^n)\Delta t \tag{3.26}$$

$$u^{n+1}=u^n+\dot{u}^n\Delta t+(\frac{1}{2}-\beta)\ddot{u}^n\Delta t^2+\beta\ddot{u}^{n+1}\Delta t^2 \tag{3.27}$$

$$\ddot{u}^{n+1}=\frac{1}{m+\dfrac{\Delta t}{2}c+\beta\Delta t^2 k}\times\left(f^{n+1}-c\left(\dot{u}^n+\frac{\Delta t}{2}\ddot{u}^n\right)-k\left(u^n+\Delta t\dot{u}^n+\left(\frac{1}{2}-\beta\right)\Delta t^2\ddot{u}^n\right)\right) \tag{3.28}$$

Newmark の β 法による計算の流れを以下に示す．

1) 初期条件 $\ddot{u}^0$, $\dot{u}^0$, u^0, β, 質量 m, 減衰係数 c, バネ定数 k, 外力 f, 時間刻み Δt, 最大時間ステップ数（解析対象の時間を時間刻みで割った値）の入力，また時間ステップ $n=0$ とする．

2) 式(3.28)により加速度 $\ddot{u}^{n+1}$ の計算をする．

3) 式(3.26)により速度 $\dot{u}^{n+1}$ の計算をする．

4) 式(3.27)により変位 u^{n+1} の計算をする．

5) 時間ステップが最大時間ステップ数と等しくなった場合，計算を終了する．そうでない場合は，次のステップに進む．

6) 時間ステップを更新し，2) へ戻る．

実際に解析をすると，図 3.4, 3.5 のような波形が得られ，減衰係数 c が 0 の場合は図 3.4 のように振動が周期的に繰り返される波形となり，また，減衰係数 c が 0 でない場合は，時間が進むにつれて変位が減衰し，0 へ収束するように振動変位の時間履歴が得られる．

以下，式(3.29)に示す振動方程式に対して，式(3.30)に示す初期条件の下，Newmark の β 法により解析をした解と，厳密解（$y=5\cos(4t)$）の比較を図 3.6 に示す．Newmark の β 法の計算条件として，初期における加速度の値も零としている．結果として，Newmark の β 法による数値解と厳密解は良好に一致していることを確認できる．

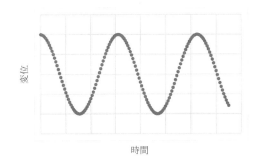

図 3.4　減衰係数 c が 0 の場合の波形

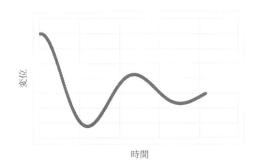

図 3.5　減衰係数 c が 0 でない場合の波形

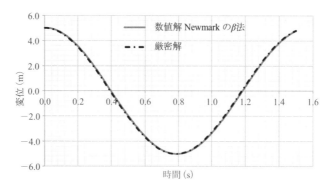

図 3.6 Newmark の β 法による数値解と厳密解の比較

$$\ddot{y}+16y=0 \tag{3.29}$$

$$y(0)=5,\ \dot{y}(0)=0 \tag{3.30}$$

3.3　数値積分

　3.1 節において紹介した一階微分方程式の数値計算のように，数値積分により，微分方程式の数値計算の精度は異なるものとなる．そのため，ここでは，数値積分の内容について，簡単に紹介する．初めに，図 3.7 に示す $a{\sim}b$ の区間における関数 $f(x)$ の積分を考える．ここで，刻み幅を h とし，6つの短冊に分けて，個々の積分を近似的に行う方法について考える．まずは，図 3.8 に示すように，各々の分割点と $f(x)$ の交点を直線で結び，それぞれの台形の面積を足し合わせることで，数値的に積分を行う方法がある．この方法を**台形則**と呼ぶ．3.1 節の図 3.1 の真ん中の図の積分は台形則を意味し，台形則に基づく微分方程式の数値計算法は，Crank-Nicolson 法となる．$f(x)$ の a，b の区間を刻み幅 h により 6 分割し，すべての面積を足すと式(3.31)のように記載することができる．当然，図 3.1 の積分とは完全に等価とはならないため，あくまで近似的な積分となる．

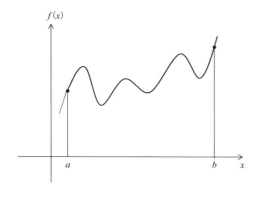

図 3.7　$a{\sim}b$ の区間の $f(x)$ の積分

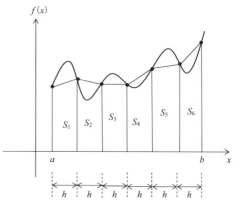

図 3.8　台形則による数値積分

$$S = S_1 + S_2 + S_3 + S_4 + S_5 + S_6$$

$$= \frac{h}{2}(f(a) + f(a+h)) + \frac{h}{2}(f(a+h) + f(a+2h)) + \frac{h}{2}(f(a+2h) + f(a+3h))$$

$$+ \frac{h}{2}(f(a+3h) + f(a+4h)) + \frac{h}{2}(f(a+4h) + f(a+5h)) + \frac{h}{2}(f(a+5h) + f(b)) \qquad (3.31)$$

次に，各点を 2 次関数により結んで数値積分を行う方法について説明する．この方法は **Simpson 則**と呼ばれ，図 3.9 に示すように，2 つずつの短冊をセットとして考えて，各々の面積を足して積分を計算するものである．各々の分割点と $f(x)$ の交点を 2 次関数で結ぶ場合には，3 点が必要となるため，面積を計算する短冊は 2 つセットで考える必要がある．3 次関数では，3 つの短冊，4 次関数では 4 つの短冊についてセットで考える必要がある．ただ，高次の関数によりすべての点を通るように関数を求めると，振動した関数形となるため，積分精度が良くなるものとも限らず，適度な精度が担保できる数値積分法という観点では，Simpson 則は適切な数値積分法である．$f(x)$ の a, b の区間を刻み幅 h により 6 分割し，Simpson 則により近似された面積をすべて足すと式 (3.32) のように書くことができる（付録 A）．先にも記したように，微分方程式の数値計算法と数値積分は密接な関係があるため，微分方程式の数値計算を精度高く計算するためにも，高精度な数値積分法の使用が望まれる．

$$S = S_1 S_2 + S_3 S_4 + S_5 S_6$$

$$= \frac{h}{3}(f(a) + 4f(a+h) + f(a+2h)) + \frac{h}{3}(f(a+2h) + 4f(a+3h) + f(a+4h))$$

$$+ \frac{h}{3}(f(a+4h) + 4f(a+5h) + f(b)) \qquad (3.32)$$

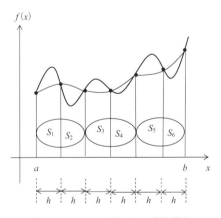

図 3.9 Simpson 則による数値積分

第4章

Fortran90/95・MATLAB による
常微分方程式の数値計算演習

本章では，Fortran90/95・MATLAB による常微分方程式の数値計算の内容について説明する．本章では，図 3.2 に示す振動モデルの数値計算に対して，Newmark の β 法を適用した例について紹介する．

4.1　振動方程式の数値計算における計算条件

計算条件としては，質量 m は 15 kg，減衰定数 c は 10 N·s/m，バネ定数 k は 30 N/m，パラメータ β は 0.25，時間増分量 Δt は 0.5 s，時間ステップ数は 20 とする．また，外力 f は与えず（f=0.0 N）に，初期条件として，加速度 $\ddot{u}^0$=0.0 m/s^2，速度 $\dot{u}^0$=0.0 m/s，変位 u^0=1.0 m と与える．

4.2　Fortran90/95 による振動方程式の数値計算

本節では，振動方程式に Newmark の β 法を適用した Fortran90/95 プログラムについて解説する．以下，プログラムの途中に解説を入れて説明する．

```
============================================================
program newmark
!
implicit double precision （ a-h , o-z ）
parameter （md1 = 1000）
dimension ff（md1）
!
open （11,file='output3.dat'）
!
am = 15.d0　！質量
ac = 10.d0　！減衰定数
ak = 30.d0　！バネ定数
beta = 0.25d0　！パラメータ β
dt = 0.5d0　！時間増分量
imax = 20　！時間ステップ数
!
```

```
do i = 1,imax  ！外力を全時間ステップにおいて零としている．
ff（i） = 0.d0
end do
!
aa1 = 0.d0  ！初期ステップにおける加速度
vv1 = 0.d0  ！初期ステップにおける速度
yy1 = 1.d0  ！初期ステップにおける変位
!
write（11,100） 0.d0，yy1  ！初期条件（時間と変位の値）の出力
!
do i = 1, imax  ！式(3.26)：速度 vv2，式(3.27)：変位 yy2，式(3.28)：加速度 aa2 に関する計算
aa2 = （1.d0/（am + 0.5d0*dt*ac + beta*dt**2*ak）） &
*（ff（i） −ac*（vv1 + 0.5d0*dt*aa1） &
−ak*（yy1 + dt*vv1 + （0.5d0−beta）*dt**2*aa1））
vv2 = vv1 + 0.5d0*（aa2 + aa1）*dt
yy2 = yy1 + vv1 * dt + （0.5d0−beta）*aa1* dt**2 + beta*aa2* dt**2
!
write（11,100） i*dt，yy2  ！時間と変位の値の出力
aa1 = aa2  ！n＋1 ステップの値を n ステップの値にする処理（※以下2行についても同様）
vv1 = vv2
yy1 = yy2
end do
100 format（2f12.7）
!
end program newmark
```

==

　以下に結果として出力される output3.dat のデータを示す．また，output3.dat を図化した結果を図 4.1 に示す．変位 u が時間経過とともに減衰している様子を確認できる．

output3.dat （左の列が時間 t，右の列が変位 u）

0.0000000	1.0000000
0.5000000	0.9032258
1.0000000	0.5785640
1.5000000	0.1137256
2.0000000	−0.2751773
2.5000000	−0.4571979
3.0000000	−0.4152656
3.5000000	−0.2234066
4.0000000	0.0054204
4.5000000	0.1730970
5.0000000	0.2304970
5.5000000	0.1838594

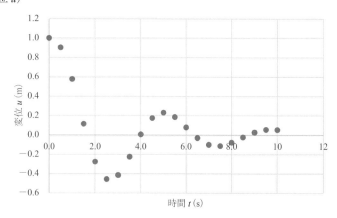

図 4.1　変位 u の時間変化

```
 6.0000000    0.0780859
 6.5000000   -0.0306180
 7.0000000   -0.0994171
 7.5000000   -0.1119776
 8.0000000   -0.0779505
 8.5000000   -0.0225302
 9.0000000    0.0273095
 9.5000000    0.0537159
10.0000000    0.0525145
```

4.3 MATLAB による振動方程式の数値計算

MATLAB で微分方程式の解を求める ode ソルバーが実装されているが，本節では，振動方程式に Newmark の β 法を適用した自作の MATLAB プログラムについて解説する．以下，プログラムの途中に解説を入れて説明する．

```
>> clear all
>> am = 15；% 質量
>> ac = 10；% 減衰定数
>> ak = 30；% バネ定数
>> beta = 0.25；% パラメータ β
>> dt = 0.5；% 時間増分量
>> imax = 20；% 時間ステップ数
>> aa1 = 0.0；% 初期ステップにおける加速度
>> vv1 = 0.0；% 初期ステップにおける速度
>> yy1=1.0；% 初期ステップにおける変位
>> file = fopen（'output3.dat', 'w'）；
>> formatSpec = ' %12.7f %12.7f\n'；
>> fprintf（file, formatSpec, 0.0, yy1）；
>> for i = 1：imax  % 式(3.26)：速度 vv2，式(3.27)：変位 yy2，式(3.28)：加速度 aa2 に関する計算
    ff（i）= 0.0；% 外力を全時間ステップにおいて零としている
    aa2 = (1.0/（am + 0.5*dt*ac + beta*dt^2*ak））* (ff（i）- ac*（vv1 + 0.5*dt*aa1）- ak*（yy1 + dt*vv1 +
    (0.5 - beta)*dt^2*aa1));
    vv2 = vv1 + 0.5*（aa2 + aa1）*dt；
    yy2 = yy1 + vv1*dt +（0.5 - beta）*aa1*dt^2 + beta*aa2*dt^2；
    fprintf（file, formatSpec, i*dt, yy2）；% 時間と変位の値の出力
    aa1 = aa2；% n + 1 ステップの値を n ステップの値にする処理（※以下 2 行についても同様）
    vv1 = vv2；
    yy1 = yy2；
    end
```

以下に結果として出力される output3.dat のデータを示し，Fortran プログラムと全く同じ結果が

得られた．output3.dat（左の列が時間 t，右の列が変位 u）

0.0000000	1.0000000
0.5000000	0.9032258
1.0000000	0.5785640
1.5000000	0.1137256
2.0000000	-0.2751773
2.5000000	-0.4571979
3.0000000	-0.4152656
3.5000000	-0.2234066
4.0000000	0.0054204
4.5000000	0.1730970
5.0000000	0.2304970
5.5000000	0.1838594
6.0000000	0.0780859
6.5000000	-0.0306180
7.0000000	-0.0994171
7.5000000	-0.1119776
8.0000000	-0.0779505
8.5000000	-0.0225302
9.0000000	0.0273095
9.5000000	0.0537159
10.0000000	0.0525145

　MATLABではplot関数やscatter関数にはデータを図化することに非常に高い機能が実装されている．この例では下記のようにscatter関数を利用してoutput3.datを図化した結果を図4.2に示す．変位 u が時間経過とともに減衰している様子を確認できる．また，GUIで「プロットの編集」でGridなどを調整して図4.1と同じグラフが再現できる．

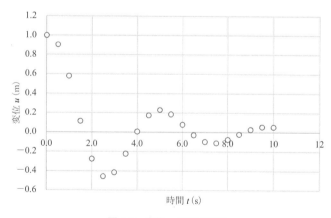

図 4.2　変位 u の時間変化

```
>> load output3.dat；
>> scatter（output3（:，1），output3（:，2））；
>> ylabel（{変位 u（m)}）；
>> xlabel（{時間 t（s)}）；
```

練 習 問 題

　4.2 節の Fortran90/95 プログラムあるいは 4.3 節の MATLAB プログラムを用いて，4.1 節に示した計算条件に減衰定数 c を 5.0 N·s/m，1.0 N·s/m に変えることにより，それぞれの変位 u の時間変化曲線を比較せよ．

第5章
軸方向変形部材・トラス部材の構造解析

　本章では，最初に，軸方向変形部材（棒部材モデル）の問題を解析するための**変形条件式**の誘導について示す．続いて，変形条件式を用いた**変位・反力**の計算，**有限要素法**による複数部材の問題，トラス部材の問題に対する変位の算定方法について説明する．

5.1　変形条件式

　まず，部材に**外力** F を加えたときの変位 u を計算することを考える．部材に力を加えた場合，単位面積に作用する応力 σ とひずみ ϵ は，**Young 率** E と呼ばれる比例定数により関係付けることができ，式(5.1)のように表される．また，ひずみ ϵ は，変位 u と部材長さ l の比として表され，式(5.2)のように書くことができる．また，応力 σ は単位面積に作用する力のため，外力 F と部材の断面積 A より式(5.3)のように表すことができる．式(5.1)に式(5.2)を代入し，得られた式を式(5.3)に代入すると式(5.4)が得られる．ここに，自重は無視している．

$$\sigma = E\epsilon \qquad (5.1)$$

$$\epsilon = \frac{u}{l} \qquad (5.2)$$

$$F = \sigma A \qquad (5.3)$$

$$F = \sigma A = E\epsilon A = \frac{EA}{l}u \qquad (5.4)$$

　ここで部材に作用する力について考える．一般に軸方向に変形する部材は，圧縮・引張の力が作用する．引張り力 F が作用した場合は，図5.1に示すように各部材端では逆向きの力が作用することになる．この後，複数部材の問題へ拡張をしていくが，部材端での力の方向を図5.1の F_a, F_b のように，座標軸の正の方向に統一し，力の作用する方向は符号により判断するようにする．ここに，F_a, F_b は**部材端力**と呼ばれる．また，部材に作用する力 F は，正の力は引張り，負の力は圧縮を表す．

　ここで，図5.1に示す変位 u_a, u_b の差を相対変位とし U と

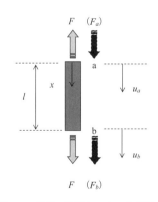

図5.1　部材に作用する力 F と部材端力 F_a, F_b の関係

表し，式(5.5)のように表す．部材端力 F_a，F_b と力 F の関係は，式(5.6)，(5.7)のように書くことができる．

$$U = u_b - u_a \tag{5.5}$$

$$F_a = (-F)_{x=0} = -\frac{EA}{l}U = -\frac{EA}{l}(u_b - u_a) \tag{5.6}$$

$$F_b = (F)_{x=l} = \frac{EA}{l}U = \frac{EA}{l}(u_b - u_a) \tag{5.7}$$

ここで，$K = \dfrac{EA}{l}$ とすると，式(5.6)，(5.7)は，式(5.8)，(5.9)のように書くことができる．この式を変形条件式と呼び，各部材において設定した変形条件式を重ね合わせることで，構造全体のモデルにおける変位と力の関係を表すことができる．後ろの節において説明をする．

$$F_a = -K(u_b - u_a) = Ku_a - Ku_b \tag{5.8}$$

$$F_b = K(u_b - u_a) = -Ku_a + Ku_b \tag{5.9}$$

5.2　変位と反力の計算

　本節では，1部材のときにおける変位と反力の計算について説明する．図5.2に示す構造モデルにおいて，部材端 b における変位と，部材端 a における反力の計算について考える．

　まず，図5.2を部材と接合点で切り分け，部材端には部材端力，各接合点では，部材端力につり合う力を書き，また外力，反力の力も書き入れる．反力は，座標系の正の方向にひとまず力を書き入れておき，図5.3に示すように，接合点の所の力を囲み，接合点での**力のつり合い**を考えることになる．ここに接合点のことを，節目の点として「**節点**」と呼び，図5.3は「**自由体図**」と呼ばれる．

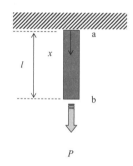

図5.2　構造のモデル図

　ここで，部材の a 端における力のつり合いを式(5.10)に，また部材の b 端における力のつり合いを式(5.11)に示す．

$$-F_a + R = 0 \tag{5.10}$$

$$-F_b + P = 0 \tag{5.11}$$

式(5.10)，(5.11)を変形し，式(5.8)，(5.9)に代入すると，式(5.12)，(5.13)が得られる．

$$R = Ku_a - Ku_b \tag{5.12}$$

$$P = -Ku_a + Ku_b \tag{5.13}$$

　上端での**境界条件**（$u_a = 0$）を考慮すると，式(5.12)，(5.13)は式(5.14)，(5.15)のようになる．

$$R = -Ku_b \tag{5.14}$$

$$P = Ku_b \tag{5.15}$$

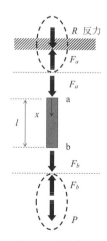

図5.3　自由体図

式(5.15)を解き，変位 u_b を求め，その後，変位 u_b を式(5.14)に代入することにより反力 R が求まる.

5.3 複数部材の問題に対する変位の算定

次に，有限要素法による複数部材の問題に対する変位の算定の流れを示す．図5.4に示す2部材の連結モデルを考える．有限要素法では部材を要素と言うため，図5.4に示す3節点2要素の有限要素モデルを自由体図にすると，図5.5のようになる.

ここで，図5.5の各節点における力のつり合いを考えると，式(5.16)〜(5.18)のようになる.

$$-F_a^{(1)}+R=0 \tag{5.16}$$

$$-F_b^{(1)}-F_a^{(2)}=0 \tag{5.17}$$

$$-F_b^{(2)}+P=0 \tag{5.18}$$

部材（1）における変形条件式は式(5.19)，(5.20)，部材（2）における変形条件式は式(5.21)，(5.22)のように書くことができる.

$$F_a^{(1)}=K^{(1)}u_a^{(1)}-K^{(1)}u_b^{(1)} \tag{5.19}$$

$$F_b^{(1)}=-K^{(1)}u_a^{(1)}+K^{(1)}u_b^{(1)} \tag{5.20}$$

$$F_a^{(2)}=K^{(2)}u_a^{(2)}-K^{(2)}u_b^{(2)} \tag{5.21}$$

$$F_b^{(2)}=-K^{(2)}u_a^{(2)}+K^{(2)}u_b^{(2)} \tag{5.22}$$

前節と異なる点は，**適合条件式**を考える点であり，各部材のa端，b端における変位を節点における変位に置き換える必要がある．各部材のa端，b端における変位と，各節点における変位の関係式

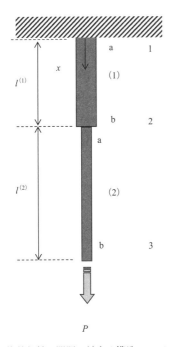

図5.4 複数部材の問題に対する構造のモデル図

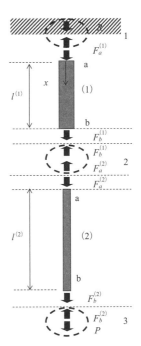

図5.5 複数部材の問題に対する自由体図

は式(5.23)～(5.25)のようになる.

$$u_a^{(1)}=u_1 \tag{5.23}$$

$$u_b^{(1)}=u_a^{(2)}=u_2 \tag{5.24}$$

$$u_b^{(2)}=u_3 \tag{5.25}$$

ここで，適合条件式（式(5.23)～(5.25)）を変形条件式（式(5.19)～(5.22)）に代入することにより，式(5.26)～(5.29)に示す**部材端力方程式**が得られる.

$$F_a^{(1)}=K^{(1)}u_1-K^{(1)}u_2 \tag{5.26}$$

$$F_b^{(1)}=-K^{(1)}u_1+K^{(1)}u_2 \tag{5.27}$$

$$F_a^{(2)}=K^{(2)}u_2-K^{(2)}u_3 \tag{5.28}$$

$$F_b^{(2)}=-K^{(2)}u_2+K^{(2)}u_3 \tag{5.29}$$

　また，部材端力方程式（式(5.26)～(5.29)）を**つり合い条件式**（式(5.16)～(5.18)）に代入することにより，式(5.30)～(5.32)に示す**剛性方程式**が得られる.

$$-(K^{(1)}u_1-K^{(1)}u_2)+R=0 \tag{5.30}$$

$$-(-K^{(1)}u_1+K^{(1)}u_2)-(K^{(2)}u_2-K^{(2)}u_3)=0 \tag{5.31}$$

$$-(-K^{(2)}u_2+K^{(2)}u_3)+P=0 \tag{5.32}$$

　式(5.30)～(5.32)を変形すると，式(5.33)～(5.35)のようになる. この式は剛性方程式と呼ばれる.

$$K^{(1)}u_1-K^{(1)}u_2=R \tag{5.33}$$

$$-K^{(1)}u_1+(K^{(1)}+K^{(2)})u_2-K^{(2)}u_3=0 \tag{5.34}$$

$$-K^{(2)}u_2+K^{(2)}u_3=P \tag{5.35}$$

　ここで，(1)の部材では，$E=5.0\,\mathrm{N/m^2}$, $A=2.0\,\mathrm{m^2}$, $l=2.0\,\mathrm{m}$, (2)の部材では，$E=3.0\,\mathrm{N/m^2}$, $A=1.0\,\mathrm{m^2}$, $l=3.0\,\mathrm{m}$ とすると，5.1節に示すように，$K=\dfrac{EA}{l}$ であるため，$K^{(1)}=5.0\,\mathrm{N/m}$, $K^{(2)}=1.0\,\mathrm{N/m}$ となる. また，$P=0.1\,\mathrm{N}$ とすると，式(5.33)～(5.35)に代入すると式(5.36)～(5.38)のようになる.

$$5u_1-5u_2=R \tag{5.36}$$

$$-5u_1+6u_2-u_3=0 \tag{5.37}$$

$$-u_2+u_3=0.1 \tag{5.38}$$

境界条件（$u_1=0$）を考慮すると，式(5.39), (5.40)の2式を解くことになる.

$$6u_2-u_3=0 \tag{5.39}$$

$$-u_2+u_3=0.1 \tag{5.40}$$

　境界条件を処理した後の方程式は，右辺側に反力を含まない式になり，式の本数と未知数となる変位の数が等しくなり，連立方程式が解けることになる. 式(5.39), (5.40)の連立方程式を解くと，$u_2=0.02\,\mathrm{m}$, $u_3=0.12\,\mathrm{m}$ となる. この答えについて，材料力学的に検証を行う. 部材(1), (2)における応力は式(5.41), (5.42)のように書くことができ，各部材におけるひずみは式(5.43), (5.44)のように書き表される.

$$\sigma^{(1)}=\frac{P}{A^{(1)}} \tag{5.41}$$

$$\sigma^{(2)} = \frac{P}{A^{(2)}} \tag{5.42}$$

$$\epsilon^{(1)} = \frac{\sigma^{(1)}}{E^{(1)}} = \frac{P}{E^{(1)}A^{(1)}} \tag{5.43}$$

$$\epsilon^{(2)} = \frac{\sigma^{(2)}}{E^{(2)}} = \frac{P}{E^{(2)}A^{(2)}} \tag{5.44}$$

ここで，節点 3 における変位 u_3 は，各部材における変位の足し合わせにより表されるため，具体的に計算すると式 (5.45) のようになる．式 (5.39)，(5.40) を解いたことによる節点 3 における変位 u_3 と同じ値であり，本節で紹介した複数部材の問題に対する変位の算定方法は正しいと言うことができる．

$$u_3 = \epsilon^{(1)}l^{(1)} + \epsilon^{(2)}l^{(2)} = \frac{Pl^{(1)}}{E^{(1)}A^{(1)}} + \frac{Pl^{(2)}}{E^{(2)}A^{(2)}} = \frac{P}{K^{(1)}} + \frac{P}{K^{(2)}} = \frac{0.1}{5} + \frac{0.1}{1} = 0.02 + 0.1 = 0.12 \text{ m} \tag{5.45}$$

上に示した定式化は，解析プログラムにおいては，機械的に実施される．式 (5.26)～(5.29) に示す部材端力方程式を行列表記にし，式 (5.46)，(5.47) のように記載する．

$$\begin{Bmatrix} F_a^{(1)} \\ F_b^{(1)} \end{Bmatrix} = \begin{bmatrix} K^{(1)} & -K^{(1)} \\ -K^{(1)} & K^{(1)} \end{bmatrix} \begin{Bmatrix} u_1 \\ u_2 \end{Bmatrix} \tag{5.46}$$

$$\begin{Bmatrix} F_a^{(2)} \\ F_b^{(2)} \end{Bmatrix} = \begin{bmatrix} K^{(2)} & -K^{(2)} \\ -K^{(2)} & K^{(2)} \end{bmatrix} \begin{Bmatrix} u_2 \\ u_3 \end{Bmatrix} \tag{5.47}$$

式 (5.46)，(5.47) において反力と外力を考慮し，全体系の方程式として書き表すと，式 (5.48)，(5.49) のように記載できる．

$$\begin{Bmatrix} R \\ F_b^{(1)} \\ 0 \end{Bmatrix} = \begin{bmatrix} K^{(1)} & -K^{(1)} & 0 \\ -K^{(1)} & K^{(1)} & 0 \\ 0 & 0 & 0 \end{bmatrix} \begin{Bmatrix} u_1 \\ u_2 \\ u_3 \end{Bmatrix} \tag{5.48}$$

$$\begin{Bmatrix} 0 \\ F_a^{(2)} \\ P \end{Bmatrix} = \begin{bmatrix} 0 & 0 & 0 \\ 0 & K^{(2)} & -K^{(2)} \\ 0 & -K^{(2)} & K^{(2)} \end{bmatrix} \begin{Bmatrix} u_1 \\ u_2 \\ u_3 \end{Bmatrix} \tag{5.49}$$

ここで，式 (5.48)，(5.49) を足し合わせると式 (5.50) のようになる．

$$\left(\begin{Bmatrix} R \\ F_b^{(1)} \\ 0 \end{Bmatrix} + \begin{Bmatrix} 0 \\ F_a^{(2)} \\ P \end{Bmatrix} \right) = \left(\begin{bmatrix} K^{(1)} & -K^{(1)} & 0 \\ -K^{(1)} & K^{(1)} & 0 \\ 0 & 0 & 0 \end{bmatrix} + \begin{bmatrix} 0 & 0 & 0 \\ 0 & K^{(2)} & -K^{(2)} \\ 0 & -K^{(2)} & K^{(2)} \end{bmatrix} \right) \begin{Bmatrix} u_1 \\ u_2 \\ u_3 \end{Bmatrix} \tag{5.50}$$

結果として式 (5.50) は式 (5.51) のように書くことができる．

$$\begin{Bmatrix} R \\ F_b^{(1)} + F_a^{(2)} \\ P \end{Bmatrix} = \begin{bmatrix} K^{(1)} & -K^{(1)} & 0 \\ -K^{(1)} & K^{(1)} + K^{(2)} & -K^{(2)} \\ 0 & -K^{(2)} & K^{(2)} \end{bmatrix} \begin{Bmatrix} u_1 \\ u_2 \\ u_3 \end{Bmatrix} \tag{5.51}$$

式 (5.51) において $F_b^{(1)} + F_a^{(2)}$ はつり合っているため零となる．よって，剛性方程式は式 (5.52) のように書くことができ，式 (5.33)～(5.35) と同様であることを確認できる．

$$\begin{Bmatrix} R \\ 0 \\ P \end{Bmatrix} = \begin{bmatrix} K^{(1)} & -K^{(1)} & 0 \\ -K^{(1)} & K^{(1)} + K^{(2)} & -K^{(2)} \\ 0 & -K^{(2)} & K^{(2)} \end{bmatrix} \begin{Bmatrix} u_1 \\ u_2 \\ u_3 \end{Bmatrix} \tag{5.52}$$

具体的な計算は，以下の手順で行われる．

1) 各部材の接合点（有限要素法の節点）における力の平衡状態を表す力のつり合い条件式の作成
2) 各部材（有限要素法の要素）に対する力と変位の関係を表す変形条件式の作成
3) 各部材の変位を各点の変位に置き換える（適合条件式の作成）
4) 適合条件式を変形条件式に代入（部材端力方程式の作成）
5) 部材端力方程式を力のつり合い条件式に代入（剛性方程式の作成）
6) 剛性方程式に，各部材の断面積 A・長さ l・Young 率 E の情報，各点における荷重 P の情報，固定境界における変位 u（境界条件）の値を入力する．
7) 剛性方程式を解き，各点における変位 u の値を求める．
8) 計算された変位 u の値を代入し，反力 R を求める．

　プログラミング中においても，全体系の剛性方程式を用意し，各部材における係数行列を足し合わせていくことにより，剛性方程式の係数行列が作成できる．次章において，プログラムの具体例について説明する．

5.4　トラス部材の問題に対する変位の算定

　前節では，部材の座標系と全体の座標系が同じであるモデルに対して説明を行ったが，本節では，部材の座標系と全体の座標系が異なるモデルについて紹介する．図 5.6 にトラス部材の計算モデル（3 節点 2 要素）の例を示す．

　図 5.6 では，部材の軸方向と，**全体座標系**（X 軸および Y 軸による座標系）の軸方向が一致してないことから，力や変位に対して，部材の座標系と全体の座標系で関係付けて，各部材に対する変形条件式を取り扱うことになる．図 5.7 に，全体座標系（X-Y 座標系）と，**部材座標系**（x-y 座標系）における各方向の力を分解した図を示す．

　座標変換により，全体座標系と部材座標系の間を関係付けることができ，a 端，b 端において，式 (5.53)，(5.54) のように表すことができる．

$$\begin{cases} f_{xa}=\cos\alpha N_{Xa}+\sin\alpha N_{Ya} \\ f_{ya}=-\sin\alpha N_{Xa}+\cos\alpha N_{Ya} \end{cases} \quad (5.53)$$

$$\begin{cases} f_{xb}=\cos\alpha N_{Xb}+\sin\alpha N_{Yb} \\ f_{yb}=-\sin\alpha N_{Xb}+\cos\alpha N_{Yb} \end{cases} \quad (5.54)$$

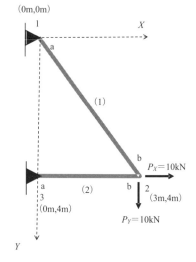

図 5.6　トラス部材の計算モデルの例

　ここで，たとえば，図 5.8 に示すように，全体座標系におけるベクトル $(N_{Xa}, N_{Ya})=(1,0)$ を部材座標系に変換することを考える．全体座標系から時計回りに 90° 回転させて部材座標系が与えられるとき，部材座標系における (f_{xa}, f_{ya}) は式 (5.55)，(5.56) のように与えられ，$(f_{xa}, f_{ya})=(0,-1)$ となる．これは，全体座標系におけるベクトル $(N_{Xa}, N_{Ya})=(1,0)$ は，部材座標系で見

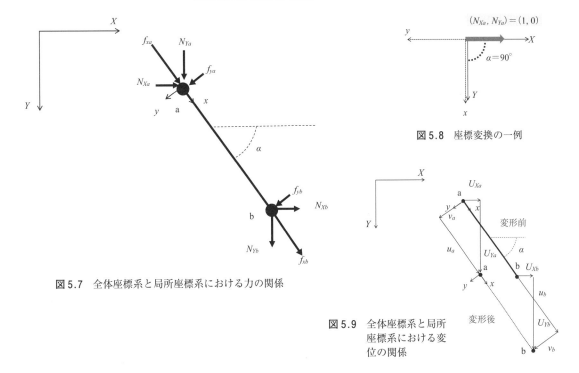

図5.7　全体座標系と局所座標系における力の関係

図5.8　座標変換の一例

図5.9　全体座標系と局所座標系における変位の関係

ると，x 軸方向に 0，y 軸方向に -1 というベクトルを示していることとなる．

$$\begin{cases} f_{xa}=\cos(90°)\times1+\sin(90°)\times0=0\times1+0\times0=0 \\ f_{ya}=-\sin(90°)\times1+\cos(90°)\times0=-1\times1+0\times0=-1 \end{cases} \tag{5.55}$$
$$\tag{5.56}$$

次に，図5.9に示すように，全体座標系と局所座標系（すわなち部材座標系）における変位の関係を整理すると，式(5.57)，(5.58)のようになる．

$$\begin{cases} u_a=\cos\alpha U_{Xa}+\sin\alpha U_{Ya} \\ v_a=-\sin\alpha U_{Xa}+\cos\alpha U_{Ya} \end{cases} \tag{5.57}$$

$$\begin{cases} u_b=\cos\alpha U_{Xb}+\sin\alpha U_{Yb} \\ v_b=-\sin\alpha U_{Xb}+\cos\alpha U_{Yb} \end{cases} \tag{5.58}$$

ここで，式(5.53)，(5.54)を行列表記し式(5.59)のように示す．また，式(5.57)，(5.58)を行列表記し式(5.60)のように示す．また，トラス部材は軸方向に変形する部材であるため，部材軸方向の力および変位を用いると変形条件式は式(5.61)のように書くことができる．

$$\begin{Bmatrix} f_{xa} \\ f_{ya} \\ f_{xb} \\ f_{yb} \end{Bmatrix}=\begin{bmatrix} \cos\alpha & \sin\alpha & 0 & 0 \\ -\sin\alpha & \cos\alpha & 0 & 0 \\ 0 & 0 & \cos\alpha & \sin\alpha \\ 0 & 0 & -\sin\alpha & \cos\alpha \end{bmatrix}\begin{Bmatrix} N_{Xa} \\ N_{Ya} \\ N_{Xb} \\ N_{Yb} \end{Bmatrix} \tag{5.59}$$

$$\begin{Bmatrix} u_a \\ v_a \\ u_b \\ v_b \end{Bmatrix}=\begin{bmatrix} \cos\alpha & \sin\alpha & 0 & 0 \\ -\sin\alpha & \cos\alpha & 0 & 0 \\ 0 & 0 & \cos\alpha & \sin\alpha \\ 0 & 0 & -\sin\alpha & \cos\alpha \end{bmatrix}\begin{Bmatrix} U_{Xa} \\ U_{Ya} \\ U_{Xb} \\ U_{Yb} \end{Bmatrix} \tag{5.60}$$

$$\begin{Bmatrix} f_{xa} \\ f_{ya} \\ f_{xb} \\ f_{yb} \end{Bmatrix} = \frac{EA}{l} \begin{bmatrix} 1 & 0 & -1 & 0 \\ 0 & 0 & 0 & 0 \\ -1 & 0 & 1 & 0 \\ 0 & 0 & 0 & 0 \end{bmatrix} \begin{Bmatrix} u_a \\ v_a \\ u_b \\ v_b \end{Bmatrix} = K \begin{bmatrix} 1 & 0 & -1 & 0 \\ 0 & 0 & 0 & 0 \\ -1 & 0 & 1 & 0 \\ 0 & 0 & 0 & 0 \end{bmatrix} \begin{Bmatrix} u_a \\ v_a \\ u_b \\ v_b \end{Bmatrix} \tag{5.61}$$

ここで，式(5.61)を全体座標系の力，変位により表すことを考える．まず，式(5.61)に式(5.60)を代入すると，式(5.62)のようになる．また，式(5.62)に式(5.59)を代入すると，式(5.63)のようになる．

$$\begin{Bmatrix} f_{xa} \\ f_{ya} \\ f_{xb} \\ f_{yb} \end{Bmatrix} = K \begin{bmatrix} 1 & 0 & -1 & 0 \\ 0 & 0 & 0 & 0 \\ -1 & 0 & 1 & 0 \\ 0 & 0 & 0 & 0 \end{bmatrix} \begin{bmatrix} \cos\alpha & \sin\alpha & 0 & 0 \\ -\sin\alpha & \cos\alpha & 0 & 0 \\ 0 & 0 & \cos\alpha & \sin\alpha \\ 0 & 0 & -\sin\alpha & \cos\alpha \end{bmatrix} \begin{Bmatrix} U_{Xa} \\ U_{Ya} \\ U_{Xb} \\ U_{Yb} \end{Bmatrix} \tag{5.62}$$

$$\begin{bmatrix} \cos\alpha & \sin\alpha & 0 & 0 \\ -\sin\alpha & \cos\alpha & 0 & 0 \\ 0 & 0 & \cos\alpha & \sin\alpha \\ 0 & 0 & -\sin\alpha & \cos\alpha \end{bmatrix} \begin{Bmatrix} N_{Xa} \\ N_{Ya} \\ N_{Xb} \\ N_{Yb} \end{Bmatrix} = K \begin{bmatrix} 1 & 0 & -1 & 0 \\ 0 & 0 & 0 & 0 \\ -1 & 0 & 1 & 0 \\ 0 & 0 & 0 & 0 \end{bmatrix} \begin{bmatrix} \cos\alpha & \sin\alpha & 0 & 0 \\ -\sin\alpha & \cos\alpha & 0 & 0 \\ 0 & 0 & \cos\alpha & \sin\alpha \\ 0 & 0 & -\sin\alpha & \cos\alpha \end{bmatrix} \begin{Bmatrix} U_{Xa} \\ U_{Ya} \\ U_{Xb} \\ U_{Yb} \end{Bmatrix}$$
$$\tag{5.63}$$

式(5.63)に対して，左辺の行列（座標変換行列）の逆行列を両辺に掛けると，式(5.64)が得られる．「座標変換行列の逆行列」は，「座標変換行列の転置行列」と等価であるため，式(5.64)は式(5.65)のように書き替えることができる．式(5.65)を整理すると式(5.66)のように書くことができ，この方程式がトラス部材に対する変形条件式となる．

$$\begin{Bmatrix} N_{Xa} \\ N_{Ya} \\ N_{Xb} \\ N_{Yb} \end{Bmatrix} = K \begin{bmatrix} \cos\alpha & \sin\alpha & 0 & 0 \\ -\sin\alpha & \cos\alpha & 0 & 0 \\ 0 & 0 & \cos\alpha & \sin\alpha \\ 0 & 0 & -\sin\alpha & \cos\alpha \end{bmatrix}^{-1} \begin{bmatrix} 1 & 0 & -1 & 0 \\ 0 & 0 & 0 & 0 \\ -1 & 0 & 1 & 0 \\ 0 & 0 & 0 & 0 \end{bmatrix} \begin{bmatrix} \cos\alpha & \sin\alpha & 0 & 0 \\ -\sin\alpha & \cos\alpha & 0 & 0 \\ 0 & 0 & \cos\alpha & \sin\alpha \\ 0 & 0 & -\sin\alpha & \cos\alpha \end{bmatrix} \begin{Bmatrix} U_{Xa} \\ U_{Ya} \\ U_{Xb} \\ U_{Yb} \end{Bmatrix}$$
$$\tag{5.64}$$

$$\begin{Bmatrix} N_{Xa} \\ N_{Ya} \\ N_{Xb} \\ N_{Yb} \end{Bmatrix} = K \begin{bmatrix} \cos\alpha & \sin\alpha & 0 & 0 \\ -\sin\alpha & \cos\alpha & 0 & 0 \\ 0 & 0 & \cos\alpha & \sin\alpha \\ 0 & 0 & -\sin\alpha & \cos\alpha \end{bmatrix}^{T} \begin{bmatrix} 1 & 0 & -1 & 0 \\ 0 & 0 & 0 & 0 \\ -1 & 0 & 1 & 0 \\ 0 & 0 & 0 & 0 \end{bmatrix} \begin{bmatrix} \cos\alpha & \sin\alpha & 0 & 0 \\ -\sin\alpha & \cos\alpha & 0 & 0 \\ 0 & 0 & \cos\alpha & \sin\alpha \\ 0 & 0 & -\sin\alpha & \cos\alpha \end{bmatrix} \begin{Bmatrix} U_{Xa} \\ U_{Ya} \\ U_{Xb} \\ U_{Yb} \end{Bmatrix}$$
$$\tag{5.65}$$

$$\begin{Bmatrix} N_{Xa} \\ N_{Ya} \\ N_{Xb} \\ N_{Yb} \end{Bmatrix} = K \begin{bmatrix} \cos^2\alpha & \cos\alpha\sin\alpha & -\cos^2\alpha & -\cos\alpha\sin\alpha \\ \cos\alpha\sin\alpha & \sin^2\alpha & -\cos\alpha\sin\alpha & -\sin^2\alpha \\ -\cos^2\alpha & -\cos\alpha\sin\alpha & \cos^2\alpha & \cos\alpha\sin\alpha \\ -\cos\alpha\sin\alpha & -\sin^2\alpha & \cos\alpha\sin\alpha & \sin^2\alpha \end{bmatrix} \begin{Bmatrix} U_{Xa} \\ U_{Ya} \\ U_{Xb} \\ U_{Yb} \end{Bmatrix} \tag{5.66}$$

図 5.6 に対するトラス部材の計算モデルを解くために，前節と同様，図 5.10 に示すつり合い条件式と図 5.11 に示す適合条件式を考慮する必要がある．適合条件式を変形条件式に代入することにより部材端力方程式が得られ，部材端力方程式をつり合い条件式に代入することにより，剛性方程式を得ることができる．境界条件を考慮することで得られる連立方程式を解くことで，各節点の各方向

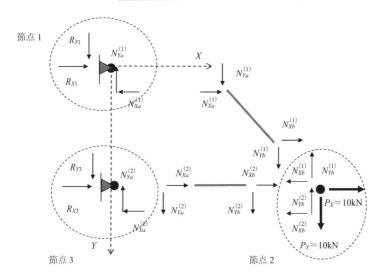

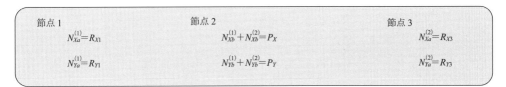

図 5.10 つり合い条件式

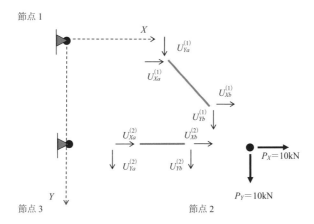

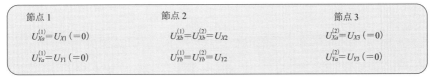

図 5.11 適合条件式

（X 方向および Y 方向）に対する変位を求めることができ，剛性方程式を解くプロセスは前節の内容と同様である．前節との違いは，節点における変位が 2 方向になることであり，前節の場合は，節点の数と剛性方程式（※境界条件を処理する前の方程式）の本数は同じであったが，トラス部材に対する変形解析では，節点の数に対して 2 倍の式の本数を有する剛性方程式を解くことになる．本節に示した事例だけでなく，節点における変数が複数存在するモデルもあり，「節点数における変数の数（自由度）」×「節点数」の方程式を解く必要があることから，取り扱う計算モデルによっては，解の算定に必要な計算時間についても気に留めておく必要がある．

第6章

Fortran 90/95・MATLAB による
軸方向変形部材の構造解析演習

本章では，Fortran 90/95・MATLAB による軸方向変形部材の構造解析の内容について説明する．

6.1 軸方向変形部材による構造解析モデル

図 6.1 に示す構造解析モデルの数値計算プログラムについて紹介する．各部材の計算条件は，表 6.1 に示すとおりである．

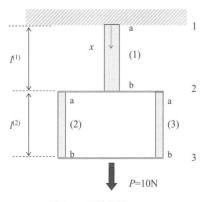

図 6.1 構造解析モデル

表 6.1 各部材の計算条件

部材番号	(1)	(2)	(3)
Young 率 E (N/m²)	1.0×10^3	4.0×10^3	4.0×10^3
断面積 A (m²)	2.0	2.0	2.0
部材長さ l (m)	2.0	4.0	4.0
K (N/m)	1.0×10^3	2.0×10^3	2.0×10^3

6.2 Fortran90/95 による軸方向変形部材構造解析モデルに対する数値計算

本節では，Fortran 90/95 による軸方向変形部材構造解析モデルに対する有限要素法の数値計算プログラムについて解説する．以下，プログラムの途中に解説を入れて説明する．

```
===============================================================
program example
!
!################################################################
! Displacement Method for Spring Structure
!################################################################
```

```fortran
!
implicit double precision ( a-h , o-z )
parameter ( md = 10 )
!-----(配列の設定)
dimension sk(md) , ia(md) , ib(md) , sa(md,md)
dimension ifix(md) , ipx(md) , pp(md) , pq(md)
!-----(入出力のファイル)
open ( 07 , file='input4.dat' )
open ( 08 , file='output4.dat' )
!
!----- Data Input （計算データの入力）
!
call indata ( n , m , ix , ip , ia , ib , sk , ifix , ipx , pp )
!
!----- Superposition of Member Stiffness （変形条件式の係数行列の重ね合わせ）
!
call stiff ( n , m , ia , ib , sk , sa , md )
!
!----- Calculation of Displacement （境界条件の処理：固定境界および外力について）
!
call displ ( ix , n , ip , ifix , ipx , pp , pq , sa , md )
!
!----- Calculation of Output （計算結果の出力）
!
call outdata ( n , m , pq , ia , ib , sk )
!
close ( 07 )
close ( 08 )
!
end program example
!
!===== Data Input ========================================
subroutine indata &
( n , m , ix , ip , ia , ib , sk , ifix , ipx , pp )
!========================================================
!
implicit double precision ( a-h , o-z )
!
dimension ia(*) , ib(*) , sk(*) , ifix(*) , ipx(*) , pp(*)
!-----
read ( 07 , * ) n , m , ix , ip
read ( 07 , * ) ( i , ia(i) , ib(i) , sk(i) , j = 1 , m )
read ( 07 , * ) ( ifix(i) , i = 1 , ix )
```

n	；節点数
m	；部材数
ix	；固定端の数
ip	；荷重点の数
ia[i]	；"a" 端における節点番号
ib[i]	；"b" 端における節点番号
sk[i]	；ばね定数 K
ifix[i]	；固定端の節点番号
ipx[i]	；荷重点における節点番号
pp[i]	；荷重点における荷重の値

```fortran
read(07,*)（ipx(i), pp(i), i = 1,ip）
!-----
end subroutine indata
!
!===== Superposition of Member Stiffness ===　（変形条件式の係数行列の重ね合わせ）
!
subroutine stiff &
（n, m, ia, ib, sk, sa, md）
!
!=========================================
!
implicit double precision（a-h , o-z）
!
dimension ia(*), ib(*), sk(*), sa(md,md)
!-----　（全体領域における剛性行列"sa"の零クリア）
do i = 1,n
do j = 1,n
sa(i,j) = 0.d0
end do
end do
!-----　（係数行列"sk"の重ね合わせの結果）
do i = 1,m
ii = ia(i)
jj = ib(i)
sa(ii,ii) = sa(ii,ii) + sk(i)
sa(ii,jj) = sa(ii,jj) - sk(i)
sa(jj,ii) = sa(jj,ii) - sk(i)
sa(jj,jj) = sa(jj,jj) + sk(i)
end do
!-----
end subroutine stiff
!
!===== Calculation of Displacement =========　（境界条件の処理：固定境界および外力について）
!
subroutine displ &
（ix, n, ip, ifix, ipx, pp, pq, sa, md）
!
!=========================================
!
implicit double precision（a-h , o-z）
!
dimension ifix(*), ipx(*), pp(*), pq(*), sa(md,md)
!-----　（固定境界に関連した剛性行列"sa"の処理）
```

```
do i = 1,ix
ii = ifix(i)
do j = 1,n
sa(ii,j) = 0.d0
sa(j,ii) = 0.d0
end do
sa(ii,ii) = 1.d0
end do
!-----   （外力ベクトルを "pq" に代入.）
do i = 1,n
pq(i) = 0.d0
end do
!
do i = 1,ip
ii = ipx(i)
pq(ii) = pp(i)
end do
!
!----- Solver（Gauss Method）（剛性方程式に対する Gauss の消去法の適用）
!
call sweep（n, sa, pq, md）
!-----
end subroutine displ
!===== Data Output =========================
subroutine outdata&
（n, m, pq, ia, ib, sk）
!=======================================
!
implicit double precision（a-h , o-z）
dimension pq(*), ia(*), ib(*), sk(*)
!-----   （各節点の変位の出力）
write(08,600)
write(08,620)（i, pq(i), i = 1,n）
!-----
write(08,610)
do im = 1,m
ii = ia(im)
jj = ib(im)
ua = pq(ii)
ub = pq(jj)
!   （各部材の軸力 fb の出力）
fa = sk(im) *（ua - ub）
fb = sk(im) *（ub - ua）
```

```
write(08,620) im, fb
end do
!-----
600 format(//,15x,'***** Displacement *****',//, &
20x,'Number',4x,'Displacement')
610 format(//,15x,'***** Internal Force *****',//, &
20x,'Member',7x,'Force')
620 format(20x,i4,f15.5)
!
end subroutine outdata
!
!===== Solver ( Gauss Method ) =========    (剛性方程式に対する Gauss の消去法の適用)
subroutine sweep &
( n, a, u, nn )
!===================================
!
implicit double precision ( a-h , o-z )
!
dimension a(nn,nn), u(nn)
!-----    (Gauss の消去法における前進消去のプロセス)
do i = 1,n
aa = 1.d0 / a(i,i)
u(i) = u(i) * aa
!-----
do j = 1,n
a(i,j) = a(i,j) * aa
end do
!-----
if ( 1-n .lt. 0 ) then
i1 = i + 1
do k = i1,n
cc = a(k,i)
do j = i1,n
a(k,j) = a(k,j) - cc * a(i,j)
end do
u(k) = u(k) - cc * u(i)
end do
end if
!-----
end do
!-----    (Gauss の消去法における後退代入のプロセス)
n1 = n - 1
do i = 1,n1
```

```
j = n - i
do k = 1, i
l = n + 1 - k
u(j) = u(j) - a(j, l) * u(l)
end do
end do
!-----
end subroutine sweep
```

===

以下に，入力データ input4.dat，出力データ output4.dat の一例を示す．また，構造解析結果により整理した図を図6.2に示す．

（入力データ）

input4.dat

3 3 1 1

1 1 2 1000.00

2 2 3 2000.00

3 2 3 2000.00

1

3 10.00

（出力データ）

output4.dat

***** Displacement *****

Number Displacement

1　0.00000

2　0.01000

3　0.01250

***** Internal Force *****

Member Force

1　10.00000

2　5.00000

3　5.00000

節点数，部材数，固定端の数，荷重点の数
部材番号(1)："a" 端の節点番号，"b" 端の節点番号，ばね定数 K
部材番号(2)："a" 端の節点番号，"b" 端の節点番号，ばね定数 K
部材番号(3)："a" 端の節点番号，"b" 端の節点番号，ばね定数 K
固定端の節点番号
荷重点の節点番号，荷重点での荷重の値

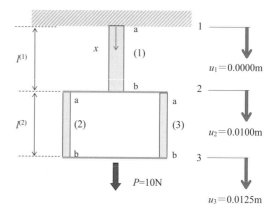

図6.2　構造解析結果

===

6.3　MATLAB による軸方向変形部材構造解析モデルに対する数値計算

本節では，MATLAB により，6.2節と同じの軸方向変形部材構造解析モデルに対する有限要素法の数値計算プログラムについて解説する．以下，プログラムの途中に解説を入れて説明する．

```
>> %################################################################
>> %Displacement Method for Spring Structure
>> %################################################################
```

```
>> clear all
>> %----- Data Input  (計算データの入力)
>> indata = importdata('input4.dat');
>> n = indata(1, 1);% 節点数
>> m = indata(1, 2);% 部材数
>> ix = indata(1, 3);% 固定端の数
>> ip = indata(1, 4);% 荷重点の数
>> for i = 1 : n
     ia(i) = indata (i + 1, 2);% "a" 端における節点番号
     ib(i) = indata (i + 1, 3);% "b" 端における節点番号
     sk(i) = indata (i + 1, 4);% ばね定数
   end
>> for i = 1 : ix
     ifix(i) = indata (i + n + 1, 1);% 固定端の節点番号
   end
   >> for i = 1 : ip
     ipx(i) = indata (i + n + ix + 1, 1);% 荷重点における節点番号
     pp(i) = indata (i + n + ix + 1, 2);% 荷重点における荷重の値
   end
>> %----- Superposition of Member Stiffness  (変形条件式の係数行列の重ね合わせ)
>> % 全体領域における剛性行列 "sa" の零クリア
>> sa(n, n) = 0;
>> % 係数行列 "sk" の重ね合わせの結果
>> for i = 1 : n
     ii = ia(i);
     jj = ib(i);
     sa(ii, ii) = sa(ii, ii) + sk(i);
     sa(ii, jj) = sa(ii, jj) - sk(i);
     sa(jj, ii) = sa(jj, ii) - sk(i);
     sa(jj, jj) = sa(jj, jj) + sk(i);
   end
>> %----- Calculation of Displacement  (境界条件の処理：固定境界および外力について)
>> % 固定境界に関連した剛性行列 "sa" の処理
>> for i = 1 : ix
     ii = ifix(i);
     for j = 1 : n
     sa(ii, j) = 0;
     sa(j, ii) = 0;
     end
     sa(ii, ii) = 1;
   end
>> % 外力ベクトルを "pq" に代入
>> for i = 1 : n
```

```
    pq(i) = 0 ;
    end
>> for i = 1：ip
    ii = ipx(i) ;
    pq(ii) = pp(i) ;
    end
>> %----- Solver（Gauss Method）（剛性方程式に対する Gauss の消去法の適用）
>> %Gauss の消去法における前進消去のプロセス
>> for i = 1：n
    aa = 1/sa(i, i) ;
    pq(i) = pq(i)*aa ;
    for j = 1：n
    sa(i, j) = sa(i, j)*aa ;
    end
    if 1 - n < 0
    i1 = i + 1 ;
    for k = i1：n
    cc = sa(k, i) ;
    for j = i1：n
    sa(k, j) = sa(k, j) - cc*sa(i, j) ;
    end
    pq(k) = pq(k) - cc*pq(i) ;
    end
    end
    end
>> %Gauss の消去法における後退代入のプロセス
>> n1 = n - 1 ;
>> for i = 1：n1
    j = n - i ;
    for k = 1：i
    l = n + 1 - k ;
    pq(j) = pq(j) - sa(j,l)*pq(l) ;
    end
    end
>> %----- Calculation of Output （計算結果の出力）
>> outdata = fopen（'output4.dat', 'w'）;
>> % 各節点の変位の出力
>> fprintf（outdata, '***** Displacement *****\n'）;
>> fprintf（outdata, ' Number   Displacement\n'）;
>> for i = 1：n
    fprintf（outdata, '    %d', i）;
    fprintf（outdata, '%15.5f\n', pq(i)）;
    end
```

```
>> % 各部材の軸力 fb の出力
>> fprintf (outdata, '***** Internal Force *****\n') ;
>> fprintf (outdata, ' Member    Force\n') ;
>> for im = 1 : m
     ii = ia(im) ;
     jj = ib(im) ;
     ua = pq(ii) ;
     ub = pq(jj) ;
     fa = sk(im)*(ua - ub) ;
     fb = sk(im)*(ub - ua) ; %(各部材の軸力 fb の出力)
     fprintf (outdata, '    %d', im) ;
     fprintf (outdata, ' %15.5f\n', fb) ;
     end
```

以下に，入力データ input4.dat，出力データ output4.dat の一例を示す．　また，構造解析結果により整理した図は Fortran90/95 の解析結果と同じ，図6.2に示す．

（入力データ）
input4.dat
3 3 1 1
1 1 2 1000.00
2 2 3 2000.00
3 2 3 2000.00
1
3 10.00
（出力データ）
output4.dat
***** Displacement *****
 Number   Displacement
   1   0.00000
   2   0.01000
   3   0.01250
***** Internal Force *****
 Member   Force
   1   10.00000
   2   5.00000
   3   5.00000

| 節点数，部材数，固定端の数，荷重点の数 |
| 部材番号(1)："a"端の節点番号，"b"端の節点番号，ばね定数 K |
| 部材番号(2)："a"端の節点番号，"b"端の節点番号，ばね定数 K |
| 部材番号(3)："a"端の節点番号，"b"端の節点番号，ばね定数 K |
| 固定端の節点番号 |
| 荷重点の節点番号，荷重点での荷重の値 |

練 習 問 題

　有限要素法により，5.4節に示すトラス部材の構造解析に対する変位の算定における Fortran 90/95 プログラムあるいは MATLAB プログラムを作成してみよ．また，それを利用して図5.6に示すトラス部材の計算モデルの各部材の変位を求めよ．計算条件は Young 率 $E = 2.1 \times 10^{11}\,\mathrm{N/m^2}$，断面積 $A = 0.01\,\mathrm{m^2}$ とする．

参 考 文 献

・竹間　弘，樫山　和男：構造力学の基礎，日新出版，1995.

第7章

有限差分法（定常モデル）

本章では，定常モデルを対象とし，**Laplace 方程式**の有限差分法による数値解法について解説する．**第一種境界条件**（Dirichlet 境界条件とも呼ぶ），**第二種境界条件**（Neumann 境界条件とも呼ぶ）の取り扱い方について説明し，不規則な境界形状を有する計算モデルに対する解法についても説明する．

7.1 Taylor 展開

第3章においては，時間に関する微分方程式であったため，時間進展に対する計算を行ったが，本章では，空間に関する微分方程式に対して説明する．まず，空間方向に対する $f(x)$ の分布図を図7.1のように表すと，$f(x_n+h)$ および $f(x_n-h)$ は，$f(x_n)$ 点における Taylor 展開より，式(7.1)，(7.2)のように書くことができる．ここに，$f(x)$ に付したプライム記号は x に関する微分を表す．

$$f(x_n+h)=f(x_n)+hf'(x_n)+\frac{h^2}{2!}f''(x_n)+\frac{h^3}{3!}f'''(x_n)+\cdots \tag{7.1}$$

$$f(x_n-h)=f(x_n)-hf'(x_n)+\frac{h^2}{2!}f''(x_n)-\frac{h^3}{3!}f'''(x_n)+\cdots \tag{7.2}$$

ここに，式(7.1)，(7.2)の右辺第3項以降を微小であるとし無視することで，$f'(x_n)$ との等式を整理すると式(7.3)，(7.4)のように表すことができる．$f'(x_n)$ は $x=x_n$ の点における接線の傾きを表すが，式(7.3)，(7.4)は，$x=x_n$ の $f(x)$ の値と，$x=x_n$ の点から刻み幅 h の分，前後に離れた点における $f(x)$ の値の差から接線の傾き $f'(x_n)$ を表すものである．式(7.3)を**前進差分**，式(7.4)を**後退差分**と呼ぶ．また，式(7.1)，(7.2)の右辺第3項以降を微小であるとし無視し，式(7.1)から式(7.2)を引くと，$f'(x_n)$ は式(7.5)のように書き表される．式(7.5)を**中心差分**と呼ぶ．

$$f'(x_n)=\frac{f(x_n+h)-f(x_n)}{h} \tag{7.3}$$

$$f'(x_n)=\frac{f(x_n)-f(x_n-h)}{h} \tag{7.4}$$

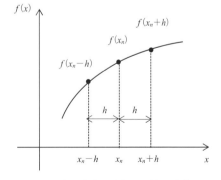

図7.1 空間方向に対する $f(x)$ の分布図

$$f'(x_n) = \frac{f(x_n + h) - f(x_n - h)}{2h} \tag{7.5}$$

また，式(7.1)，(7.2)の右辺第 4 項以降を微小であるとし無視し，式(7.1)と式(7.2)を足すと $f''(x_n)$ は式(7.6)のように与えられ，式(7.6)は二階微分の差分式として用いられる．式(7.6)からもわかるように，$f''(x_n)$ は，$x = x_n$ の点の $f(x)$ の値と，$x = x_n$ の点から刻み幅 h の分，前後に離れた両点における $f(x)$ の値を用いて計算することができる．式(7.3)～(7.5)および式(7.6)は微分方程式の空間に対する一階微分，二階微分を近似する（差分近似する）際に用いられる．

$$f''(x_n) = \frac{f(x_n + h) - 2f(x_n) + f(x_n - h)}{h^2} \tag{7.6}$$

7.2　Laplace 方程式に対する差分方程式

ここで，式(7.7)に示す 2 次元の Laplace 方程式に対する差分方程式を誘導し，各解析モデルに対する数値解法について説明する．2 次元の Laplace 方程式は，変数の x および y に関する二階微分の和が零となる式であり，各空間方向における微分に対する差分近似を考える必要がある．図に表すと，図 7.2 のように描くことができ，前節においても説明したように，変数 ϕ に対する x, y 方向に対する二階微分は，格子点 (x_i, y_j) に対して，前後左右における変数 ϕ の値を用いて近似することになる．

$$\frac{\partial^2 \phi}{\partial x^2} + \frac{\partial^2 \phi}{\partial y^2} = 0 \tag{7.7}$$

ここに，$\dfrac{\partial^2 \phi}{\partial x^2}$ および $\dfrac{\partial^2 \phi}{\partial y^2}$ は，式(7.6)より，格子点の番号 i, j を用いて，式(7.8)，(7.9)のように書くことができる．

$$\frac{\partial^2 \phi}{\partial x^2} = \frac{\phi_{i+1,j} - 2\phi_{i,j} + \phi_{i-1,j}}{h^2} \tag{7.8}$$

$$\frac{\partial^2 \phi}{\partial y^2} = \frac{\phi_{i,j+1} - 2\phi_{i,j} + \phi_{i,j-1}}{h^2} \tag{7.9}$$

式(7.8)，(7.9)を式(7.7)に代入して整理すると式(7.10)のように書き表すことができる．

$$\frac{1}{h^2}(\phi_{i+1,j} + \phi_{i-1,j} + \phi_{i,j+1} + \phi_{i,j-1} - 4\phi_{i,j}) = 0 \tag{7.10}$$

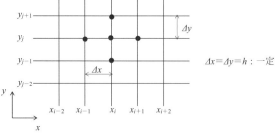

図 7.2　平面 2 次元領域における格子分割の一例

式(7.10)を $\phi_{i,j}$ との等式に整理すると式(7.11)のようになり，$\phi_{i,j}$ は前後左右の周囲の点における ϕ の平均値ということがわかる．

$$\phi_{i,j} = \frac{\phi_{i+1,j} + \phi_{i-1,j} + \phi_{i,j+1} + \phi_{i,j-1}}{4} \tag{7.11}$$

また，式(7.12)に示す Poisson 方程式に対して差分近似をすると，式(7.13)のように書き表すことができる．

$$\frac{\partial^2 \phi}{\partial x^2} + \frac{\partial^2 \phi}{\partial y^2} = xy \tag{7.12}$$

$$\frac{1}{h^2}(\phi_{i+1,j} + \phi_{i-1,j} + \phi_{i,j+1} + \phi_{i,j-1} - 4\phi_{i,j}) = x_i y_j \tag{7.13}$$

7.3 数値解析例

次に図 7.3 に示す解析モデルについて，有限差分法による具体的な計算例を示す．図 7.3 は定常温度場とし，温度場の解析に対して式(7.14)に示す定常熱伝導方程式を導入する．熱拡散率 K を $1.0\,\mathrm{m/s^2}$ とすると，Laplace 方程式となり，格子点 1，2，3 における差分近似式を誘導すると，式(7.15)〜(7.17)のように書くことができる．ここで，格子点 1，2，3 の周囲の値に対して境界条件が定義されている格子点に対しては，値を代入していることに注意されたい．このように，直接境界上において物理変数が定義されている境界を第一種境界と呼び，このような境界条件を第一種境界条件と呼ぶ．

$$K\left(\frac{\partial^2 \phi}{\partial x^2} + \frac{\partial^2 \phi}{\partial y^2}\right) = 0 \tag{7.14}$$

$$\frac{1}{h^2}(0 + \phi_2 + 0 + 0 - 4\phi_1) = 0 \tag{7.15}$$

$$\frac{1}{h^2}(\phi_1 + \phi_3 + 0 + 0 - 4\phi_2) = 0 \tag{7.16}$$

$$\frac{1}{h^2}(\phi_2 + 200 + 0 + 0 - 4\phi_3) = 0 \tag{7.17}$$

式(7.15)〜(7.17)を整理すると式(7.18)のようになり，行列表記すると式(7.19)のように書くことができる．式(7.19)の両辺に係数行列の逆行列を乗じると，式(7.20)のようになる．

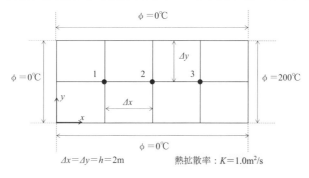

図 7.3 定常温度場の解析モデル（第一種境界条件のみにより境界条件が定義された場合）

$$\begin{cases} -4\phi_1+\phi_2=0 \\ \phi_1-4\phi_2+\phi_3=0 \\ \phi_2-4\phi_3=-200 \end{cases} \tag{7.18}$$

$$\begin{bmatrix} -4 & 1 & 0 \\ 1 & -4 & 1 \\ 0 & 1 & -4 \end{bmatrix} \begin{Bmatrix} \phi_1 \\ \phi_2 \\ \phi_3 \end{Bmatrix} = \begin{Bmatrix} 0 \\ 0 \\ -200 \end{Bmatrix} \tag{7.19}$$

$$\begin{Bmatrix} \phi_1 \\ \phi_2 \\ \phi_3 \end{Bmatrix} = \begin{bmatrix} -4 & 1 & 0 \\ 1 & -4 & 1 \\ 0 & 1 & -4 \end{bmatrix}^{-1} \begin{Bmatrix} 0 \\ 0 \\ -200 \end{Bmatrix} \tag{7.20}$$

　式(7.20)の右辺の逆行列を計算すると，式(7.21)のようになり，計算すると**格子点**1，2，3の温度はϕは式(7.22)のように求まる．このように計算をすることで，解析対象領域内における温度分布を算定することができる．

$$\begin{Bmatrix} \phi_1 \\ \phi_2 \\ \phi_3 \end{Bmatrix} = \begin{bmatrix} -0.26786 & -0.07143 & -0.01786 \\ -0.07143 & -0.28571 & -0.07143 \\ -0.01786 & -0.07143 & -0.26786 \end{bmatrix} \begin{Bmatrix} 0 \\ 0 \\ -200 \end{Bmatrix} \tag{7.21}$$

$$\begin{Bmatrix} \phi_1 \\ \phi_2 \\ \phi_3 \end{Bmatrix} = \begin{Bmatrix} 3.571428571 \\ 14.28571429 \\ 53.57142857 \end{Bmatrix} \approx \begin{Bmatrix} 3.57 \\ 14.29 \\ 53.57 \end{Bmatrix} \tag{7.22}$$

7.4　境界条件（第一種境界条件および第二種境界条件）

　次に，第一種境界条件以外に，第二種境界条件を定義する場合について説明する．図7.4に示す第一種および第二種境界条件により境界条件が定義された場合に対する定常温度場の解析について考える．図7.4に示すように，$y=0\,\mathrm{m}$および$1\,\mathrm{m}$の境界P_1，P_3の点においては，$\frac{\partial\phi}{\partial n}|_{\mathrm{P}_1}=\frac{\partial\phi}{\partial y}|_{\mathrm{P}_1}=0\,\mathrm{W/m}^2$，$\frac{\partial\phi}{\partial n}|_{\mathrm{P}_3}=\frac{\partial\phi}{\partial y}|_{\mathrm{P}_3}=0\,\mathrm{W/m}^2$の条件を与える．$n$は法線方向を示し，このように温度勾配の条件を与える境界を第二種境界と呼び，このような境界条件を第二種境界条件と呼ぶ．

　ここで，**熱拡散率**を$1.0\,\mathrm{m}^2/\mathrm{s}$とし，式(7.23)に示すPoisson方程式により定常温度場が表されるものとする．格子点P_1，P_2，P_3における差分近似式を誘導すると，式(7.24)〜(7.26)のように書くことができる．

$$\frac{\partial^2\phi}{\partial x^2}+\frac{\partial^2\phi}{\partial y^2}=12xy \tag{7.23}$$

$$\frac{1}{h^2}(0+\phi_2+20+\phi_b-4\phi_1)=12x_1y_1 \tag{7.24}$$

$$\frac{1}{h^2}(0+\phi_3+20+\phi_1-4\phi_2)=12x_2y_2 \tag{7.25}$$

$$\frac{1}{h^2}(0+\phi_a+20+\phi_2-4\phi_3)=12x_3y_3 \tag{7.26}$$

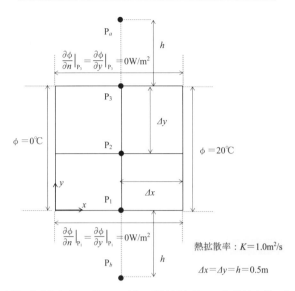

図 7.4 定常温度場の解析例（第一種および第二種境界条件により境界条件が定義された場合）

次に，式(7.24)〜(7.26)において，ϕ_a および ϕ_b をどのように与えるかについて考える．P_1，P_3 の点における第二種境界条件を，中心差分により表すと，式(7.27)，(7.28)のように書くことができる．

$$\frac{\partial \phi}{\partial n}\Big|_{P_3} = \frac{\partial \phi}{\partial y}\Big|_{P_3} = \frac{\phi_a - \phi_2}{2h} = 0 \tag{7.27}$$

$$\frac{\partial \phi}{\partial n}\Big|_{P_1} = \frac{\partial \phi}{\partial y}\Big|_{P_1} = \frac{\phi_b - \phi_2}{2h} = 0 \tag{7.28}$$

式(7.27)，(7.28)より，$\phi_a = \phi_2$，また，$\phi_b = \phi_2$ と表されることがわかる．この関係式を式(7.24)，(7.26)に代入すると，式(7.24)〜(7.26)は式(7.29)のように書くことができる．式(7.29)を行列表記すると式(7.30)のようになる．

$$\begin{cases} 4(-4\phi_1 + 2\phi_2 + 20) = 0 \\ 4(\phi_1 - 4\phi_2 + \phi_3 + 20) = 3 \\ 4(2\phi_2 - 4\phi_3 + 20) = 6 \end{cases} \tag{7.29}$$

$$\begin{bmatrix} -4 & 2 & 0 \\ 1 & -4 & 1 \\ 0 & 2 & -4 \end{bmatrix} \begin{Bmatrix} \phi_1 \\ \phi_2 \\ \phi_3 \end{Bmatrix} = \begin{Bmatrix} -20 \\ -\dfrac{77}{4} \\ -\dfrac{37}{2} \end{Bmatrix} \tag{7.30}$$

式(7.30)の両辺に，係数行列の逆行列を乗じると，式(7.31)のようになる．

$$\begin{Bmatrix} \phi_1 \\ \phi_2 \\ \phi_3 \end{Bmatrix} = \begin{bmatrix} -4 & 2 & 0 \\ 1 & -4 & 1 \\ 0 & 2 & -4 \end{bmatrix}^{-1} \begin{Bmatrix} -20 \\ -\dfrac{77}{4} \\ -\dfrac{37}{2} \end{Bmatrix} \tag{7.31}$$

式 (7.31) の右辺の逆行列を計算すると，式 (7.32) のようになり，計算を進めると格子点 P_1, P_2, P_3 における温度 ϕ_1, ϕ_2, ϕ_3 は式 (7.33) のように算定される．

$$\begin{Bmatrix} \phi_1 \\ \phi_2 \\ \phi_3 \end{Bmatrix} = \begin{bmatrix} -0.29167 & -0.16667 & -0.04167 \\ -0.08333 & -0.33333 & -0.08333 \\ -0.04167 & -0.16667 & -0.29167 \end{bmatrix} \begin{Bmatrix} -20 \\ -\dfrac{77}{4} \\ -\dfrac{37}{2} \end{Bmatrix} \tag{7.32}$$

$$\begin{Bmatrix} \phi_1 \\ \phi_2 \\ \phi_3 \end{Bmatrix} = \begin{Bmatrix} 9.812500000 \\ 9.625000000 \\ 9.437500000 \end{Bmatrix} \approx \begin{Bmatrix} 9.81 \\ 9.63 \\ 9.44 \end{Bmatrix} \tag{7.33}$$

7.5　不規則境界の取り扱い

本節では，境界が曲がった場合等，境界形状が不規則な場合についての差分近似について説明する．まず，式 (7.34) に示す Laplace 方程式を**支配方程式**として導入する．

$$\frac{\partial^2 \phi}{\partial x^2} + \frac{\partial^2 \phi}{\partial y^2} = 0 \tag{7.34}$$

図 7.5 に示すモデル図に対して不規則境界の取り扱いについて説明する．格子上に示す曲線が計算モデルの境界線を表しているものとし，点 O において式 (7.34) に対する差分近似式を誘導する．点 A における物理量 ϕ_A は，ϕ_O を基準とすると式 (7.35) のように記載することができる．また，点 P における物理量 ϕ_P は，ϕ_O を基準とすると式 (7.36) のように記載することができる．

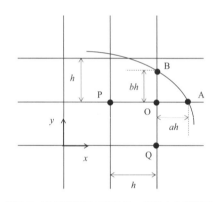

図 7.5　不規則境界の取り扱いに関する説明図

$$\phi_A = \phi_O + ah \frac{\partial \phi}{\partial x}\Big|_O + \frac{1}{2!}(ah)^2 \frac{\partial^2 \phi}{\partial x^2}\Big|_O + \cdots \quad (7.35)$$

$$\phi_P = \phi_O - h \frac{\partial \phi}{\partial x}\Big|_O + \frac{1}{2!}h^2 \frac{\partial^2 \phi}{\partial x^2}\Big|_O - \cdots \quad (7.36)$$

式 (7.35)，(7.36) において，右辺第 4 項以降を微小項とし，式 (7.36) を a 倍し，式 (7.35) と足し合わせると式 (7.37) のように書くことができる．ここで，$\frac{\partial^2 \phi}{\partial x^2}\Big|_O$ との等式を誘導すると，式 (7.38) のようになる．

$$\phi_A + a\phi_P = (1+a)\phi_O + \frac{h^2}{2}a(1+a)\frac{\partial^2 \phi}{\partial x^2}\Big|_O \tag{7.37}$$

$$\frac{\partial^2 \phi}{\partial x^2}\Big|_O = \frac{2}{h^2}\left(\frac{1}{a(1+a)}\phi_A + \frac{1}{1+a}\phi_P - \frac{1}{a}\phi_O\right) \tag{7.38}$$

同様に，点 B，Q における物理量 ϕ_B および ϕ_Q は，ϕ_O を基準とすると式 (7.39)，(7.40) のように書くことができる．

$$\phi_B = \phi_O + bh\frac{\partial \phi}{\partial y}\big|_O + \frac{1}{2!}(bh)^2\frac{\partial^2 \phi}{\partial y^2}\big|_O + \cdots \tag{7.39}$$

$$\phi_Q = \phi_O - h\frac{\partial \phi}{\partial y}\big|_O + \frac{1}{2!}h^2\frac{\partial^2 \phi}{\partial y^2}\big|_O - \cdots \tag{7.40}$$

式(7.39)，(7.40)において，右辺第4項以降を微小項とし，式(7.40)を b 倍し，式(7.39)と足し合わせると式(7.41)のように書くことができる．ここで，$\frac{\partial^2 \phi}{\partial y^2}\big|_O$ との等式を誘導すると，式(7.42)のようになる．

$$\phi_B + b\phi_Q = (1+b)\phi_O + \frac{h^2}{2}b(1+b)\frac{\partial^2 \phi}{\partial y^2}\big|_O \tag{7.41}$$

$$\therefore \frac{\partial^2 \phi}{\partial y^2}\big|_O = \frac{2}{h^2}\left(\frac{1}{b(1+b)}\phi_B + \frac{1}{1+b}\phi_Q - \frac{1}{b}\phi_O\right) \tag{7.42}$$

よって，点 O において支配方程式（式(7.34)）に対する差分近似式を誘導すると，式(7.38)，(7.42)より式(7.43)のように書くことができる．計算モデルにおいて，それ以外の格子点における支配方程式に対する差分近似式を誘導し，境界条件を考慮した連立方程式を解くことで，各格子点における物理量 ϕ を算定することができる．

$$\frac{\partial^2 \phi}{\partial x^2}\big|_O + \frac{\partial^2 \phi}{\partial y^2}\big|_O = \frac{2}{h^2}\left(\frac{1}{a(1+a)}\phi_A + \frac{1}{b(1+b)}\phi_B + \frac{1}{1+a}\phi_P + \frac{1}{1+b}\phi_Q - \frac{a+b}{ab}\phi_O\right) \tag{7.43}$$

本章では，定常モデルとして，Laplace 方程式や Poisson 方程式を支配方程式として取り扱ったが，定常の移流拡散方程式や，定常の粘性流れの支配方程式の問題等，異なる支配方程式に対しても差分法は適用できる．本章に示した内容を応用し，さまざまな支配方程式の問題に対する**有限差分解析**へ拡張して頂くことを期待する．

第8章
有限差分法（非定常モデル）

　本章では，非定常モデルを対象とし，移流方程式および熱伝導方程式の有限差分法による数値解法について解説する．時間方向および空間方向の微分が混在する微分方程式を取り扱う場合，格子間隔および時間刻みの設定の仕方によっては，解析が安定に行える場合，また不安定になり解析が発散する場合がある．そのため，Von Neumann の安定性解析を導入し，解析を発散させることなく，安定に実施できる数値条件の誘導の仕方について説明する．

8.1　移流方程式に対する差分方程式

　図8.1に示すように，時刻 $T=0\,\mathrm{s}$ の時の波形（ϕ の分布）が形を変えずに流速 $U(\mathrm{m/s})$ により運ばれる問題を考える．このような問題を微分方程式で表すと，式(8.1)のように表され，この微分方程式を移流方程式と呼ぶ．

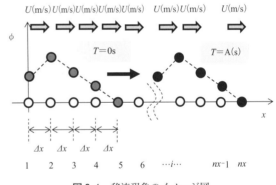

図8.1　移流現象のイメージ図

$$\frac{\partial \phi}{\partial t}+U\frac{\partial \phi}{\partial x}=0 \qquad (8.1)$$

　式(8.1)に対する差分近似式を誘導するために，たとえば，時間 t による微分項（左辺第1項）に前進差分，空間 x に対する微分項（左辺第2項）に後退差分を適用すると式(8.2)のように書くことができる．Δt は時間刻み，Δx は空間における格子間隔を示す．また，上添え字に記載している n は時間ステップを示し，下添え字に示す j は格子点の番号を示す．式(8.2)において，n は現在の時間ステップ，$n+1$ は n に時間刻み Δt 進んだ将来の時間ステップを示しており，将来の時間ステップにおける ϕ_j^{n+1} との等式を誘導すると式(8.3)のように書くことができる．

$$\frac{\phi_j^{n+1}-\phi_j^n}{\Delta t}+U\frac{\phi_j^n-\phi_{j-1}^n}{\Delta x}=0 \qquad (8.2)$$

$$\phi_j^{n+1}=\phi_j^n-\frac{U\Delta t}{\Delta x}(\phi_j^n-\phi_{j-1}^n) \qquad (8.3)$$

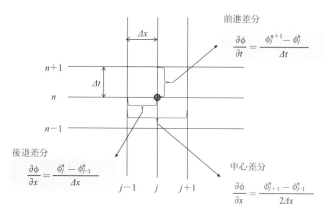

図8.2　時間方向に対して前進差分，空間方向に対して後退差分・中心差分を適用した場合

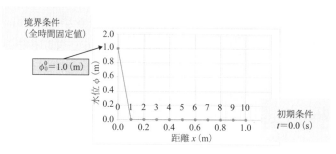

図8.3　境界条件および初期条件（$t=0.0$ (s)）

　時間微分項および空間微分項に対しての差分近似は，前進差分，後退差分，中心差分についてどの差分近似を適用するか選択が可能である．図8.2は時間方向に対する前進差分，空間方向に対する後退差分，あるいは空間方向に中心差分を適用した場合の図を示している．式(8.1)の時間 t による微分項（左辺第1項）に前進差分，空間 x に対する微分項（左辺第2項）に中心差分を適用すると，式(8.4)のようになり，将来の時間ステップにおける ϕ_j^{n+1} との等式を誘導すると式(8.5)のように書くことができる．

$$\frac{\phi_j^{n+1}-\phi_j^n}{\Delta t}+U\frac{\phi_{j+1}^n-\phi_{j-1}^n}{2\Delta x}=0 \tag{8.4}$$

$$\phi_j^{n+1}=\phi_j^n-\frac{U\Delta t}{2\Delta x}(\phi_{j+1}^n-\phi_{j-1}^n) \tag{8.5}$$

　ここで，式(8.3)に対して，時間刻み $\Delta t=0.5$ s，格子間隔 $\Delta x=0.1$ m，波速 $U=0.1$ m/s とした場合における計算例を以下に示す．式(8.3)は，具体的に計算条件を入れると式(8.6)のようになる．

$$\phi_j^{n+1}=\phi_j^n-0.5\times(\phi_j^n-\phi_{j-1}^n) \tag{8.6}$$

　物理量 ϕ を水位とし，境界条件および初期条件を図8.3のように定義する．時刻 $t=0.5$ s における水位の分布は時刻 $t=0.0$ s の水位の値を用いて計算することができ，図8.3の水位 ϕ の値を用いることで，図8.4のように計算することができる．時刻 $t=1.0$ s のときの水位の分布も図8.5のように計算することができ，時間ステップ n を更新しながら順次水位分布の計算を進める．ここに示し

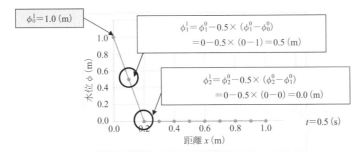

図8.4 $t=0.5$ (s)における水位 ϕ の分布

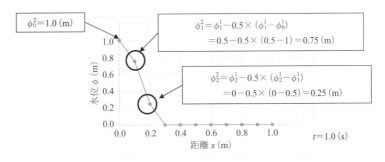

図8.5 $t=1.0$ (s)における水位 ϕ の分布

た解析例においても，Δt, Δx, U の条件によっては，数値計算が安定に行える場合と，不安定になり，時間ステップを更新するごとに発散する場合がある．次節では，各種差分近似により誘導された式において，どのように計算条件を設定すると，数値的に安定であるか，あるいは不安定であるか判定する方法について説明する．

8.2 Von Neumann の安定性解析（移流方程式）

本節では，移流方程式を例に，時間進展における数値計算を安定に実施するための条件を誘導するために行われる Von Neumann の安定性解析について説明する．まず物理量 ϕ は厳密解 D と数値誤差 ε の和により表されるとする．式(8.1)に対して時間方向に対する微分に前進差分，空間方向に対する微分に後退差分を適用した式（式(8.2)）において $\phi=D+\varepsilon$ を代入すると，式(8.7)のように書くことができる．

$$\frac{(D_j^{n+1}+\varepsilon_j^{n+1})-(D_j^n+\varepsilon_j^n)}{\Delta t}+U\frac{(D_j^n+\varepsilon_j^n)-(D_{j-1}^n+\varepsilon_{j-1}^n)}{\Delta x}=0 \tag{8.7}$$

式（8.7）は厳密解 D による式と，数値誤差 ε による式に分解できるとすると，式(8.8)，(8.9)のように書くことができる．ここで，式(8.8)の厳密解により表された差分近似式は，式(8.1)の移流方程式を満たしているものとし，式(8.7)は数値誤差 ε の時間進展式と考える．

$$\frac{D_j^{n+1}-D_j^n}{\Delta t}+U\frac{D_j^n-D_{j-1}^n}{\Delta x}=0 \tag{8.8}$$

$$\frac{\varepsilon_j^{n+1}-\varepsilon_j^n}{\Delta t}+U\frac{\varepsilon_j^n-\varepsilon_{j-1}^n}{\Delta x}=0 \tag{8.9}$$

　ここに，数値誤差 ε を Napier 数 e を使用して表示すると式(8.10)のように書き表される．ここに a は複素数により表される変数，i は虚数，k は波数を示す．

$$\frac{e^{a(t+\Delta t)}e^{ikx}-e^{at}e^{ikx}}{\Delta t}+U\frac{e^{at}e^{ikx}-e^{at}e^{ik(x-\Delta x)}}{\Delta x}=0 \tag{8.10}$$

　式(8.10)の両辺を $e^{at}e^{ikx}$ により割ると，式(8.11)のようになる．

$$\frac{e^{a\Delta t}-1}{\Delta t}+U\frac{1-e^{-ik\Delta x}}{\Delta x}=0 \tag{8.11}$$

　式(8.11)を $e^{a\Delta t}$ との等式に整理すると，式(8.12)のように書くことができる．

$$e^{a\Delta t}=1-\frac{U\Delta t}{\Delta x}(1-e^{-ik\Delta x}) \tag{8.12}$$

　ここで，$r=\dfrac{U\Delta t}{\Delta x}$ と置くと式(8.12)は式(8.13)のようになる．r は一般にクーラン数と呼ばれる．

$$e^{a\Delta t}=1-r(1-e^{-ik\Delta x}) \tag{8.13}$$

　式(8.13)の $e^{-ik\Delta x}$ を Euler の公式により置き換えると，式(8.14)のように書くことができる．

$$\begin{aligned}e^{a\Delta t}&=1-r(1-\cos(k(-\Delta x))-i\sin(k(-\Delta x)))\\&=1-r(1-\cos(k(-\Delta x)))+ir\sin(k(-\Delta x))\end{aligned} \tag{8.14}$$

　ここで，式(8.14)の左辺の $e^{a\Delta t}$ は式(8.15)のように書き表すことができ，将来の数値誤差 $\varepsilon(x,t+\Delta t)$ と現在の数値誤差 $\varepsilon(x,t)$ の比率を表していることがわかる．この値が 1 より大きい場合は，時間が進展することにより数値誤差が増幅していることを示す．

$$e^{a\Delta t}=\frac{e^{a(t+\Delta t)}e^{ikx}}{e^{at}e^{ikx}}=\frac{\varepsilon(x,t+\Delta t)}{\varepsilon(x,t)} \tag{8.15}$$

　$e^{a\Delta t}$ の乗数に含まれるパラメータ a は複素数により表される変数を表しており，実部と虚部の両方を含んでいる．そのため，式(8.15)の $e^{a\Delta t}$ は，式(8.16)に示すように，複素平面における大きさにより値を判別することになる．

$$|e^{a\Delta t}|=\left|\frac{\varepsilon(x,t+\Delta t)}{\varepsilon(x,t)}\right| \tag{8.16}$$

　複素平面は，図 8.6 に示すように，x 軸に実部，y 軸に虚部を取る．図中の (α,β) の座標値の例のように，実部が x 軸の座標値，虚部の虚数 i に掛かる変数が y 軸の座標値となるようにプロットをする．ここに，Euler の公式（$e^{a\Delta t}=\cos\theta+i\sin\theta$）は，複素平面上では大きさが 1 の円を示すことになる．

　ここで，式(8.14)に示す $e^{a\Delta t}$ は数値誤差の増幅率を示すため，大きさ $|e^{a\Delta t}|$ が 1 より小さい場合は，時間進展に伴い解析を安定に行うことができる（式(8.17)），$|e^{a\Delta t}|$ が 1 と等しい場合は中立（式(8.18)），また，$|e^{a\Delta t}|$ が 1 より大きい場合は，時間進展に伴い解析が不安定になる（式(8.19)）とし，閾値 1 により判定を区分けする．ここから，式(8.17)〜(8.19)を用いて，時間進展に伴い数値計算

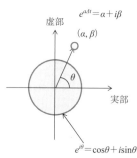

図 8.6　複素平面における大きさの取り扱い

を安定に行えるか否かについて判定する条件式の誘導の仕方について説明する.

$$|e^{a\Delta t}| < 1 \quad \Rightarrow \quad \left|\frac{\varepsilon(x, t+\Delta t)}{\varepsilon(x, t)}\right| < 1 \tag{8.17}$$

$$|e^{a\Delta t}| = 1 \quad \Rightarrow \quad \left|\frac{\varepsilon(x, t+\Delta t)}{\varepsilon(x, t)}\right| = 1 \tag{8.18}$$

$$|e^{a\Delta t}| > 1 \quad \Rightarrow \quad \left|\frac{\varepsilon(x, t+\Delta t)}{\varepsilon(x, t)}\right| > 1 \tag{8.19}$$

式 (8.14) の実部, 虚部により $|e^{a\Delta t}|$ を計算すると式 (8.20) のように書くことができる.

$$|e^{a\Delta t}| = \sqrt{(1-r(1-\cos(k(-\Delta x))))^2 + (r\sin(k(-\Delta x)))^2} \tag{8.20}$$

$|e^{a\Delta t}|$ の閾値が 1 のため, $|e^{a\Delta t}|$ を 2 乗し式 (8.21) のようにし, 式展開を進める.

$$|e^{a\Delta t}|^2 = (1-r(1-\cos(k(-\Delta x))))^2 + (r\sin(k(-\Delta x)))^2 \tag{8.21}$$

式 (8.21) の右辺を計算し, 整理すると最終的に式 (8.22) のようになる.

$$|e^{a\Delta t}|^2 = 1 - 2r(1-r)(1-\cos(k(-\Delta x))) \tag{8.22}$$

ここで, $|e^{a\Delta t}|^2$ を判定値とし, この値が 1 より小さくなるクーラン数 r について考える. $|e^{a\Delta t}|^2$（判定値）を y 軸に, クーラン数 r を x 軸とした場合において, r を変えた場合の判定値について図 8.7 に整理する. 式 (8.22) に含まれる cos 関数は $-1 \sim 1$ の間で変わるため, $\cos\theta = \cos(k(-\Delta x))$ とし, $\cos\theta$ を $-1, 0, 1$ とした場合の判定値のプロットを図 8.7 に示している. 図 8.7 は $\cos\theta$ の代表値について整理したものであるが, 結果として, クーラン数 r が $0 \sim 1$ の場合, 判定値が 1 を下回ることになることがわかる.

ここで, クーラン数 r を 0.5（数値計算が安定に行える条件）, 1.0（数値計算が安定なる, あるいは不安定になる境目の中立な状態の条件）, 1.5（数値計算が不安定になる条件）において, 8.1 節に示した計算の手順に従って計算した例を図 8.8〜8.10 に示す. 格子間隔 $\Delta x = 0.1$ m, 波速 $U = 0.1$ m/s とし, $r = \dfrac{U\Delta t}{\Delta x}$ となるように時間刻み Δt の値を調節しており, $r = 0.5$ の場合は $\Delta t = 0.5$ s,

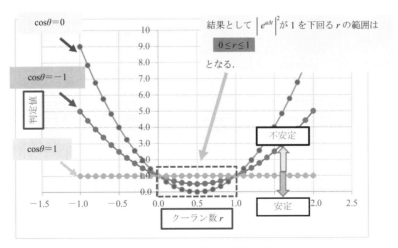

図 8.7 クーラン数と判定値の関係

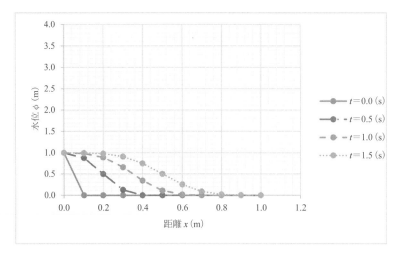

図 8.8　クーラン数 $r=0.5$ のときの水位 ϕ の時間変化

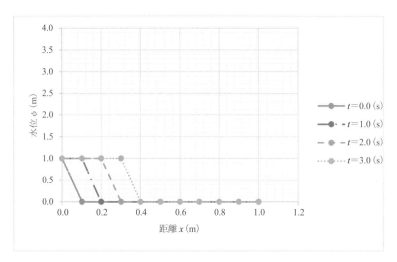

図 8.9　クーラン数 $r=1.0$ のときの水位 ϕ の時間変化

$r=1.0$ の場合は $\varDelta t=1.0\,\mathrm{s}$，$r=1.5$ の場合は $\varDelta t=1.5\,\mathrm{s}$ としている．図 8.8〜8.10 より，図 8.9 の中立状態が厳密解である「波形が形を変えずに進む様子」を表しており，図 8.8 は波形の先端が滑らかになって波が流速の方向に伝搬する様子を表しており，図 8.10 は波形が時間進展と共に振動している様子がわかる．一般には，流速も一定でなく，場所ごとに時々刻々変わることもあることから，安全側を取り，中立な状態よりは，安定な状態になるように，$\varDelta x$ や $\varDelta t$ を設定することが多い．上記に示したように，Von Neumann の安定性解析を実施することにより，誘導された数値計算を安定に行うことができるクーラン数の範囲は，数値計算による実験を通じて，適切な安定判別の条件となっていることを確認できる．ここでは，式(8.1)の移流方程式の時間微分項に対しては前進差分，空間微分項に対しては後退差分を適用した場合の安定性解析の内容について示したが，差分近似を変えることにより，異なる安定条件が導かれる．上記の計算の流れに従った各種差分近似による安定条件につ

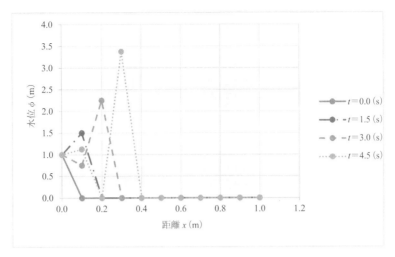

図 8.10 クーラン数 $r=1.5$ のときの水位 ϕ の時間変化

いては，読者皆様の方で試して頂きたい.

8.3 熱伝導方程式に対する差分方程式

次に，非定常モデルの安定性解析の別の例として，式(8.23)に示す熱伝導方程式を例に説明する. ここに，C は温度，K は熱拡散率を示している.

$$\frac{\partial C}{\partial t}-K\frac{\partial^2 C}{\partial x^2}=0 \tag{8.23}$$

式(8.23)の時間微分項に前進差分，空間微分項に式(7.6)に示す二階微分に対する差分近似式を適用すると，式(8.24)のように書くことができる. 上添え字の n は時間ステップ，下添え字の j は格子点の番号を示す. j 点における将来（$n+1$ ステップ）の温度 C_j^{n+1} との等式に変形すると式(8.25)のようになる.

$$\frac{C_j^{n+1}-C_j^n}{\Delta t}-K\frac{C_{j-1}^n-2C_j^n+C_{j+1}^n}{\Delta x^2}=0 \tag{8.24}$$

$$C_j^{n+1}=C_j^n+\frac{K\Delta t}{\Delta x^2}(C_{j-1}^n-2C_j^n+C_{j+1}^n) \tag{8.25}$$

8.4 Von Neumann の安定性解析（熱伝導方程式）

8.2 節の式展開の流れと同様に，まず温度 C を厳密解 D と数値誤差 ε の和により表されるとすると，式(8.24)は式(8.26)のように書くことができる.

$$\frac{(D_j^{n+1}+\varepsilon_j^{n+1})-(D_j^n+\varepsilon_j^n)}{\Delta t}-K\frac{(D_{j-1}^n+\varepsilon_{j-1}^n)-2(D_j^n+\varepsilon_j^n)+(D_{j+1}^n+\varepsilon_{j+1}^n)}{\Delta x^2}=0 \tag{8.26}$$

式(8.26)は厳密解 D による式と，数値誤差 ε による式に分解できるとすると，式(8.27)，(8.28)のように書くことができる. ここで，式(8.27)の厳密解により表された差分近似式は，式(8.23)の熱

伝導方程式を満たしているものとし，式(8.26)は数値誤差 ε の時間進展式と考える.

$$\frac{D_j^{n+1}-D_j^n}{\Delta t}-K\frac{D_{j-1}^n-2D_j^n+D_{j+1}^n}{\Delta x^2}=0 \tag{8.27}$$

$$\frac{\varepsilon_j^{n+1}-\varepsilon_j^n}{\Delta t}-K\frac{\varepsilon_{j-1}^n-2\varepsilon_j^n+\varepsilon_{j+1}^n}{\Delta x^2}=0 \tag{8.28}$$

　ここに，数値誤差 ε を Napier 数 e を使用して表示すると式(8.29)のように書き表される. ここに a は複素数により表される変数，i は虚数，k は波数を示す.

$$\frac{e^{a(t+\Delta t)}e^{ikx}-e^{at}e^{ikx}}{\Delta t}-K\frac{e^{at}e^{ik(x-\Delta x)}-2e^{at}e^{ikx}+e^{at}e^{ik(x+\Delta x)}}{\Delta x^2}=0 \tag{8.29}$$

式(8.29)の両辺を $e^{at}e^{ikx}$ により割ると，式(8.30)のようになる.

$$\frac{e^{a\Delta t}-1}{\Delta t}-K\frac{e^{ik(-\Delta x)}-2+e^{ik\Delta x}}{\Delta x^2}=0 \tag{8.30}$$

式(8.30)を $e^{a\Delta t}$ との等式に整理すると，式(8.31)のように書くことができる.

$$e^{a\Delta t}=1+\frac{K\Delta t}{\Delta x^2}(e^{ik(-\Delta x)}-2+e^{ik\Delta x}) \tag{8.31}$$

ここで，$\mu=\dfrac{K\Delta t}{\Delta x^2}$ と置くと式(8.31)は式(8.32)のようになる. μ は一般に拡散数と呼ばれる.

$$e^{a\Delta t}=1+\mu(e^{ik(-\Delta x)}-2+e^{ik\Delta x}) \tag{8.32}$$

式(8.32)の $e^{-ik\Delta x}$ を Euler の公式により置き換えると，式(8.33)のように書くことができる.

$$e^{a\Delta t}=1+\mu(2\cos(k\Delta x)-2)=1+2\mu(\cos(k\Delta x)-1) \tag{8.33}$$

8.2 節と同様に，$|e^{a\Delta t}|$ との等式を導き，式(8.34)より安定判別を行うことになる.

$$|e^{a\Delta t}|=\sqrt{(1+2\mu(\cos(k\Delta x)-1))^2}=1+2\mu(\cos(k\Delta x)-1) \tag{8.34}$$

$|e^{a\Delta t}|$ は数値誤差 ε の増幅率を示していることから，式(8.35)の左に示すように，0〜1 の間が数値計算を安定に行うことのできる条件となり，絶対値を外すことにより，式(8.35)の右に示す式のように示すことができる. 式(8.35)の右の式に式(8.34)を代入すると，式(8.36)のように書くことができる.

$$0\leq|e^{a\Delta t}|\leq 1 \quad \Rightarrow \quad -1\leq e^{a\Delta t}\leq 1 \tag{8.35}$$

$$-1\leq 1+2\mu(\cos(k\Delta x)-1)\leq 1 \tag{8.36}$$

　$\cos(k\Delta x)$ について，8.2 節同様に，-1〜1 の間で安定判別の条件を考えてみる. 以下，Case 1〜Case 3 の展開より，すべてを満足する拡散数 μ の区間は $0\leq\mu\leq\dfrac{1}{2}$ ということになる. $\mu=\dfrac{K\Delta t}{\Delta x^2}$ であり，熱拡散率 K は対象となる問題に応じて設定されるパラメータであることから，$0\leq\mu\leq\dfrac{1}{2}$ の条件を満足するように，Δt および Δx を設定し，数値計算を行うことになる.

★ Case 1 : $k\Delta x=0$ のとき　（$\cos(k\Delta x)=1$ のとき）

　$-1\leq 1+2\mu(1-1)\leq 1$　➡　μ はどんな値でも良い.

★ Case 2 : $k\Delta x=\pi/2$ のとき　（$\cos(k\Delta x)=0$ のとき）

　$-1\leq 1+2\mu(0-1)\leq 1$

　　　↓

　$-1\leq 1-2\mu\leq 1$

　　　↓

　$-2\leq -2\mu\leq 0$　➡　$0\leq\mu\leq 1$

★ Case 3 : $k\Delta x=\pi$ のとき　（$\cos(k\Delta x)=-1$ のとき）

　$-1\leq 1+2\mu(-1-1)\leq 1$

　　　↓

　$-1\leq 1-4\mu\leq 1$

　　　↓

　$-2\leq -4\mu\leq 0$　➡　$0\leq\mu\leq\dfrac{1}{2}$

> すべてを満たす μ（拡散数）
> の区間としては,
> $$0\leq\mu\leq\frac{1}{2}$$
> であるため，上式が安定条件
> となる.

　図 8.11 は，熱伝導方程式の数値解析における初期条件および解析結果の一例を示している．両端の境界における温度は 0℃ としている．拡散数 μ が安定条件を満たしている場合は，初期条件で設定した温度分布が時間進展ごとに少しずつ小さくなる様子を示すが，拡散数 μ が安定条件を満たしていない場合は，移流方程式のときと同様に，温度分布が振動する結果を示す.

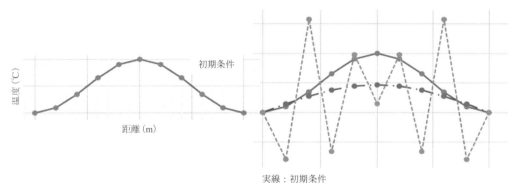

実線：初期条件
一点鎖線：拡散数が数値安定性の条件を満たしている場合
点線：拡散数が数値安定性の条件を満たさない場合

図 8.11　熱伝導方程式の数値解析における初期条件および解析結果の一例

第9章
Fortran90/95・MATLAB による有限差分解析演習

本章では，Fortran90/95・MATLAB による有限差分解析の内容について説明する．

9.1 2次元領域における Laplace 方程式に対する有限差分解析（定常モデル）の解析条件

2次元領域における Laplace 方程式（変数 u）に対する有限差分解析（定常モデル）の数値計算プログラムについて紹介する．図 9.1 に解析モデルを示す．

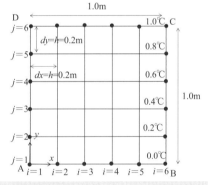

境界条件　AB 境界：$u = 1.0 - (i-1) * dx$
　　　　　BC 境界：$u = (j-1) * dy$
　　　　　CD 境界：$u = (i-1) * dx$
　　　　　DA 境界：$u = 1.0 - (j-1) * dy$
　　　　　プログラムでは，境界条件の定義の変数をすべて i としているため注意

図 9.1　Laplace 方程式に対する2次元有限差分解析の解析モデル（定常モデル）

9.2 Fortran90/95 による2次元領域における Laplace 方程式に対する有限差分解析（定常モデル）

本節では，Fortran90/95 による2次元領域における Laplace 方程式に対する有限差分解析（定常モデル）の数値計算プログラムについて解説する．差分近似において得られた連立方程式は Jacobi 法により計算する．以下，プログラムの途中に解説を入れて説明する．

```
========================================================
program steady
! Steady diffusion problem in 2D （Solver：Jacobi method） !
implicit double precision （ a-h , o-z ）
!
dimension u （100,100） , u0 （100,100）
!
open （11,file='output5.dat'）
!
dx = 0.2d0
dy = 0.2d0
!
icount = 0
!
mx = 6 ! Number of nodes for x-direction （x 方向の格子点の数）
my = 6 ! Number of nodes for y-direction （y 方向の格子点の数）
eps = 0.000001d0
!
! Initialization ! （反復回数における更新前の変数の値 u0，更新後の変数の値 u の零クリア）
do k = 1,my
do i = 1,mx
u （k,i） = 0.d0
u0 （k,i） = 0.d0
end do
end do
!
! Boundary condition （境界条件）
!
! lower boundary （下端の境界条件）
do i = 1,mx
u0 （i,1） = 1.d0- （i-1） *dx
u （i,1） = 1.d0- （i-1） *dx
end do
! upper boundary （上端の境界条件）
do i = 1,mx
u0 （i,my） = （i-1） *dx
u （i,my） = （i-1） *dx
end do
! left boundary （左端の境界条件）
do i = 1,my
u0 （1,i） = 1.d0- （i-1） *dy
u （1,i） = 1.d0- （i-1） *dy
end do
```

```
! right boundary  （右端の境界条件）
do i = 1,my
u0 (mx,i) = (i-1) *dy
u (mx,i) = (i-1) *dy
end do
!!!!! Jacobi method !!!!!!
! （以下，Jacobi 法による計算）
222 continue
eee = 0.d0
!
do i = 2,mx-1
do j = 2,my-1
u (i,j) = 0.25d0 * (u0 (i-1,j) + u0 (i + 1,j) + u0 (i,j-1) + u0 (i,j + 1))
end do
end do
! update  （収束判定の値 eee の計算，反復計算における変数の更新）
do i = 2,mx-1
do j = 2,my-1
eee = eee + dabs (u0 (i,j) -u (i,j))
u0 (i,j) = u (i,j)
end do
end do
!
icount = icount + 1
write (*,*) icount,eee
! judgment  （収束判定）
if ( eee .lt. eps ) then
go to 111
else
go to 222
end if
!!!!!!!!!!!!!!!!!!!!!!!!!!!!!!
111 continue
! （収束後の計算結果の出力）
do i = my,1,-1
write (11,333) u (1,i) ,u (2,i) ,u (3,i) ,u (4,i) ,u (5,i) ,u (6,i)
end do
!
333 format (6f10.3)
!
end program steady
============================================================
```

以下に，出力データおよび output5.dat の結果を示す.

Jacobi 法による収束判定の直接出力の結果

・・・

50 4.235504440391891E-05
51 3.426595071981398E-05
52 2.772173646087284E-05
53 2.242735591023726E-05
54 1.814411207062827E-05
55 1.467889501288733E-05
56 1.187547552422563E-05
57 9.607461515404037E-06
58 7.772599638689037E-06
59 6.288165198264917E-06
60 5.087232508360628E-06
61 4.115657554204510E-06
62 3.329636904081390E-06
63 2.693732840508556E-06
64 2.179275645997070E-06
65 1.763071032945263E-06
66 1.426354428291088E-06
67 1.153944972520637E-06
68 9.335610934302352E-07

output5.dat の結果

0.000	0.200	0.400	0.600	0.800	1.000
0.200	0.320	0.440	0.560	0.680	0.800
0.400	0.440	0.480	0.520	0.560	0.600
0.600	0.560	0.520	0.480	0.440	0.400
0.800	0.680	0.560	0.440	0.320	0.200
1.000	0.800	0.600	0.400	0.200	0.000

9.3　MATLAB による 2 次元領域における Laplace 方程式に対する有限差分解析（定常モデル）

　本節では，MATLAB による 2 次元領域における Laplace 方程式に対する有限差分解析（定常モデル）の数値計算プログラムについて解説する．差分近似において得られた連立方程式は Jacobi 法により計算する．以下，プログラムの途中に解説を入れて説明する.

　MATLAB は基本的にコマンドラインでコマンドを実行するが，効率的に繰り返し操作するため，一連のコマンドが実行できるスクリプトファイル（M ファイル）の作成は可能である．本節の MATLAB プログラムでは，反復回数における更新前の変数の値 u0，更新後の変数の値 u を求めるため，二つの M ファイル（uij.m と u0ij.m）を本プログラムに実装することにより，解析を行う.

作業フォルダに新規スクリプトで下記の内容として更新後の変数の値 uij.m を作成して保存する．

```
for i = 2：mx − 1
for j = 2：my − 1
u (i, j) = 0.25* (u0 (i − 1, j) + u0 (i + 1, j) + u0 (i, j − 1) + u0 (i, j + 1));
end
end
```

同じように，作業フォルダに下記の内容として更新前の変数の値 u0ij.m を作成して保存する．

```
for i = 2：mx − 1
for j = 2：my − 1
eee = eee + abs (u0 (i, j) − u (i, j));
u0 (i, j) = u (i, j);
end
end
```

uij.m と u0ij.m を実装した本プログラムは以下になる．

```
>> %###############################################################
>> %Steady diffusion problem in 2D （Solver：Jacobi method） ！
>> %###############################################################
>> clear all
>> outdata1 = fopen （'output5-Convergence of Jacobi.dat', 'w'）；
>> outdata2 = fopen （'output5.dat', 'w'）；
>> dx = 0.2；
>> dy = 0.2；
>> icount = 0；
>> mx = 6；%Number of nodes for x-direction （x 方向の格子点の数）
>> my = 6；%Number of nodes for y-direction （y 方向の格子点の数）
>> eps = 0.000001；
>> %Initialization！%（更新前の変数の値 u0，更新後の変数の値 u の零クリア）
>> u (my, mx) = 0；
>> u0 (my, mx) = 0；
>> %Boundary condition （境界条件）
>> %lower boundary （下端の境界条件）
>> for i = 1：mx
   u0 (i, 1) = 1 − (i − 1) *dx；
   u (i, 1) = 1 − (i − 1) *dx；
   end
>> %upper boundary （上端の境界条件）
>> for i = 1：mx
   u0 (i, my) = (i − 1) *dx；
   u (i, my) = (i − 1) *dx；
```

```
      end
>> %left boundary　（左端の境界条件）
>> for i = 1：my
      u0（1, i）= 1 -（i - 1）*dy；
      u（1, i）= 1 -（i - 1）*dy；
      end
>> %right boundary　（右端の境界条件）
>> for i = 1：my
      u0（mx, i）=（i - 1）*dy；
      u（mx, i）=（i - 1）*dy；
      end
>> %!!!!! Jacobi method !!!!!!
>> %（以下，Jacobi 法による計算）
>> eee = eps + 1；%次の while ループを繰り返すため，eee の初期値を eps より大きい値を設定する
>> while eee >= eps %（収束後の計算結果の出力）
      eee = 0；
      uij；
      u0ij；
      icount = icount + 1；
      fprintf（outdata1, ' %d%e\n', icount, eee）；
      end
>> for i = my：-1：1
      fprintf（outdata2, '%10.3f%10.3f%10.3f%10.3f%10.3f%10.3f\n', u（1,i）, u（2,i）, u（3,i）, u（4,i）, u
      （5,i）, u（6,i））；
      end
```

　以下に，Jacobi 法による収束判定出力データ output5-Convergence of Jacobi.dat および output5.dat の結果を示す．

output5-Convergence of Jacobi.dat の結果
・・・
50 4.235504e-05
51 3.426595e-05
52 2.772174e-05
53 2.242736e-05
54 1.814411e-05
55 1.467890e-05
56 1.187548e-05
57 9.607462e-06
58 7.772600e-06
59 6.288165e-06
60 5.087233e-06
61 4.115658e-06

62 3.329637e-06
63 2.693733e-06
64 2.179276e-06
65 1.763071e-06
66 1.426354e-06
67 1.153945e-06
68 9.335611e-07

output5.dat の結果

0.000	0.200	0.400	0.600	0.800	1.000
0.200	0.320	0.440	0.560	0.680	0.800
0.400	0.440	0.480	0.520	0.560	0.600
0.600	0.560	0.520	0.480	0.440	0.400
0.800	0.680	0.560	0.440	0.320	0.200
1.000	0.800	0.600	0.400	0.200	0.000

9.4 1次元領域における熱伝導方程式に対する有限差分解析（非定常モデル）の解析条件

1次元領域における熱伝導方程式に対する有限差分解析（非定常モデル）の数値計算プログラムについて紹介する．図9.2に解析モデルの初期条件，境界条件および計算条件を示す．時間刻み $\Delta t =$ 0.002 s，格子間隔 $\Delta x = 0.2$ m，熱拡散率 $K = 5.0$ m²/s としており，拡散数は $\mu = \dfrac{K\Delta t}{\Delta x^2} = \dfrac{5 \times 0.002}{0.2 * 0.2}$ $= \dfrac{0.01}{0.04} = \dfrac{1}{4}$ であり，$0 \leq \mu \leq \dfrac{1}{2}$ となるように条件設定を行っている．

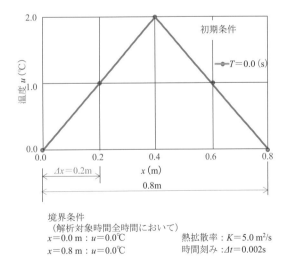

境界条件
（解析対象時間全時間において）
$x = 0.0$ m : $u = 0.0$℃
$x = 0.8$ m : $u = 0.0$℃

熱拡散率 : $K = 5.0$ m²/s
時間刻み : $\Delta t = 0.002$s

図9.2 熱伝導方程式に対する1次元有限差分解析の初期条件，境界条件および計算条件（非定常モデル）

9.5　Fortran90/95 による 1 次元領域における熱伝導方程式に対する有限差分解析（非定常モデル）

　本節では，Fortran90/95 による 1 次元領域における熱伝導方程式に対する有限差分解析（非定常モデル）の数値計算プログラムについて解説する．以下，プログラムの途中に解説を入れて説明する．

```fortran
=========================================================
program unsteady
!
! Unsteady heat transfer problem in 1D
!
  implicit double precision （a-h，o-z）
!
  dimension unew（100），u（100）
!
  open （11，file='output6.dat'）
! （計算条件）
  dx = 0.2d0 ! 格子間隔
  dt = 0.002d0 !　時間刻み
  ak = 5.d0 ! 熱拡散率
  amu = ak*dt/（dx*dx）！拡散数
!
  nx = 5 ! Number of nodes for x-direction　（x 方向の格子点の数）
  imax = 10 ! Number of time steps　（時間ステップ数）
!
! Initial condition　（初期条件）
!
  u（1）= 0.d0
  u（2）= 1.d0
  u（3）= 2.d0
  u（4）= 1.d0
  u（5）= 0.d0
!
  write （11,*)"Time ==== x1 ***** x2 ***** x3 ***** x4 ***** x5 *****"
  write （11,100）0.d0，0.d0,0.2d0,0.4d0,0.6d0,0.8d0
  write （11,*)"Time ==== u1 ***** u2 ***** u3 ***** u4 ***** u5 *****"
  write （11,100）0.d0，u（1），u（2），u（3），u（4），u（5）
! Time step loop
! （以下，時間ステップのループ）
  do istep = 1，imax
! Boundary condition　（境界条件）
!
```

```
   unew（1）=0.d0
   unew（6）=0.d0
!
   do i = 2,nx-1
   unew（i）= u（i）+ amu*（u（i-1）- 2.d0*u（i）+ u（i + 1））
   end do
! Output of result　（数値計算結果の出力）
!
   write（11,100）istep*dt,unew（1）,unew（2）,unew（3）,unew（4）,unew（5）
 100　format（6f9.5）
!
! Update of time step　（時間ステップの更新時における変数の値の更新）
!
   do i = 1,nx
   u（i）= unew（i）
   end do
!
   end do
!!!!!
end program unsteady
=========================================================
```

　以下に，output6.dat の結果を示す．

```
Time ==== x1 ***** x2 ***** x3 ***** x4 ***** x5 *****
 0.00000　0.00000　0.20000　0.40000　0.60000　0.80000
Time ==== u1 ***** u2 ***** u3 ***** u4 ***** u5 *****
 0.00000　0.00000　1.00000　2.00000　1.00000　0.00000
 0.00200　0.00000　1.00000　1.50000　1.00000　0.00000
 0.00400　0.00000　0.87500　1.25000　0.87500　0.00000
 0.00600　0.00000　0.75000　1.06250　0.75000　0.00000
 0.00800　0.00000　0.64062　0.90625　0.64062　0.00000
 0.01000　0.00000　0.54688　0.77344　0.54688　0.00000
 0.01200　0.00000　0.46680　0.66016　0.46680　0.00000
 0.01400　0.00000　0.39844　0.56348　0.39844　0.00000
 0.01600　0.00000　0.34009　0.48096　0.34009　0.00000
 0.01800　0.00000　0.29028　0.41052　0.29028　0.00000
 0.02000　0.00000　0.24777　0.35040　0.24777　0.00000
```

9.6　MATLAB による 1 次元領域における熱伝導方程式に対する有限差分解析（非定常モデル）

　本節では，MATLAB による 1 次元領域における熱伝導方程式に対する有限差分解析（非定常モデ

ル）の数値計算プログラムについて解説する．以下，プログラムの途中に解説を入れて説明する．

```
>> %###############################################################
>> %Unsteady heat transfer problem in 1D
>> %###############################################################
>> clear all
>> outdata = fopen （'output6.dat', 'w'）;
>> %（計算条件）
>> dx = 0.2；% 格子間隔
>> dt = 0.002；% 時間刻み
>> ak = 5；% 熱拡散率
>> amu = ak*dt/（dx*dx）；% 拡散数
>> nx = 5；%Number of nodes for x-direction　（x 方向の格子点の数）
>> imax = 10；%Number of time steps　（時間ステップ数）
>> %Initial condition　（初期条件）
>> u = ［0 1 2 1 0］;
>> fprintf （outdata, 'Time ==== x1 ***** x2 ***** x3 ***** x4 ***** x5 *****\n'）;
>> fprintf （outdata, '%9.5f%9.5f%9.5f%9.5f%9.5f%9.5f\n',0.0, 0.0, 0.2, 0.4, 0.6, 0.8）;
>> fprintf （outdata, 'Time ==== u1 ***** u2 ***** u3 ***** u4 ***** u5 *****\n'）;
>> fprintf （outdata, '%9.5f%9.5f%9.5f%9.5f%9.5f%9.5f\n',0.0, u（1）, u（2）, u（3）, u（4）, u（5））;
>> %Time step loop
>> %（以下，時間ステップのループ）
>> for istep = 1：imax
      %Boundary condition　（境界条件）
      unew（1）= 0;
      unew（6）= 0;
      for i = 2：nx - 1
      unew （i）= u （i）+ amu*（u （i - 1）- 2*u （i）+ u （i + 1））;
      end
      %Output of result　（数値計算結果の出力）
      fprintf （outdata, '%9.5f%9.5f%9.5f%9.5f%9.5f%9.5f\n', istep*dt, unew（1）, unew（2）, unew（3）, unew
      （4）, unew（5））;
      %Update of time step　（時間ステップの更新時における変数の値の更新）
      for i = 1：nx
      u （i）= unew （i）;
      end
      end
```

以下に，output6.dat の結果を示す．

```
Time ==== x1 ***** x2 ***** x3 ***** x4 ***** x5 *****
  0.00000  0.00000  0.20000  0.40000  0.60000  0.80000
Time ==== u1 ***** u2 ***** u3 ***** u4 ***** u5 *****
```

0.00000	0.00000	1.00000	2.00000	1.00000	0.00000
0.00200	0.00000	1.00000	1.50000	1.00000	0.00000
0.00400	0.00000	0.87500	1.25000	0.87500	0.00000
0.00600	0.00000	0.75000	1.06250	0.75000	0.00000
0.00800	0.00000	0.64063	0.90625	0.64063	0.00000
0.01000	0.00000	0.54688	0.77344	0.54688	0.00000
0.01200	0.00000	0.46680	0.66016	0.46680	0.00000
0.01400	0.00000	0.39844	0.56348	0.39844	0.00000
0.01600	0.00000	0.34009	0.48096	0.34009	0.00000
0.01800	0.00000	0.29028	0.41052	0.29028	0.00000
0.02000	0.00000	0.24777	0.35040	0.24777	0.00000

練 習 問 題

　式(9.1)は**波動方程式**を示している．ϕ は物理量，c は波速である．式(9.1)の第1項，第2項に対して二階微分に対する差分近似を適用し差分方程式を誘導すると，式(9.2)のように書くことができる．

$$\frac{\partial^2\phi}{\partial t^2}-c^2\frac{\partial^2\phi}{\partial x^2}=0 \tag{9.1}$$

$$\frac{\phi_j^{n-1}-2\phi_j^n+\phi_j^{n+1}}{\Delta t^2}-c^2\frac{\phi_{j-1}^n-2\phi_j^n+\phi_{j+1}^n}{\Delta x^2}=0 \tag{9.2}$$

　ここで，波速 c を 1.0 m/s とし，図9.3に示す初期条件（各プロットは，各 x の点における ϕ の値を示す．）にて波動の伝搬解析を行う．$x=0.0$ m，3.2 m の両端においては，$\phi=0.0$ m とし，初速度も零（$\frac{\partial\phi}{\partial t}=0.0$ m/s：$\frac{\phi_j^0-\phi_j^{-1}}{\Delta t}=0.0$ m/s とし，0.0 m～3.2 m の全格子点において，マイナス1ステップ目の ϕ_j^{-1} の値は ϕ_j^0（初期条件の値）と同値）とする．格子間隔 Δx は 0.2 m とし，時間刻み Δt は安定性解析を実施し，各自設定することとする．9.5節，9.6節のプログラムを参考に波動の伝搬解析を実施しなさい．

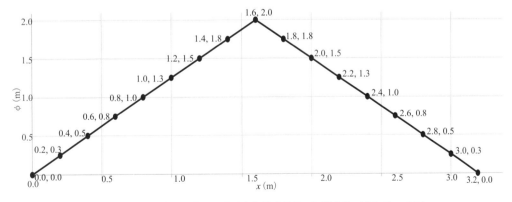

図9.3　波動方程式に対する1次元有限差分解析の初期条件（非定常モデル）

第10章
微分方程式の数値解法に関するその他の話題

本章では，微分方程式の数値解法に関するその他の話題（**Runge-Kutta 法**，Newton-Raphson 法，**陽解法・陰解法**等）について解説する．**Lotka-Volterra の方程式**を導入し，連立常微分方程式の数値解法についても説明する．

10.1 Runge-Kutta 法

初めに，式(10.1)に示す微分方程式を考える．u は物理変数，t は時間，$f(t, u)$ は t および u による関数を示す．

$$\frac{du}{dt} = f(t, u) \tag{10.1}$$

まず，2 次の Runge-Kutta 法について説明する．式(10.1)における変数 u の時間進展式は，2 次の Runge-Kutta 法では式(10.2)のように与えられ，右辺 2 項目以降の項数が 2 項のため，2 次の Runge-Kutta 法と呼ばれる．

$$u^{n+1} = u^n + ak_1 + bk_2 \tag{10.2}$$

ここに，k_1 および k_2 は式(10.3)，(10.4)のように表される．

$$k_1 = \Delta t f(t^n, u^n) \tag{10.3}$$

$$k_2 = \Delta t f(t^n + \alpha \Delta t, u^n + \beta k_1) \tag{10.4}$$

上式において，a, b, α, β は未知パラメータであり，これらのパラメータの与え方について考える．u^{n+1} について Taylor 展開において右辺の第 3 項までで近似すると，式(10.5)のように示すことができる．

$$u^{n+1} \approx u^n + \Delta t \frac{du}{dt} + \frac{\Delta t^2}{2!} \frac{d}{dt} \frac{du}{dt} = u^n + \Delta t f(t^n, u^n) + \frac{\Delta t^2}{2!} \frac{d}{dt}(f(t^n, u^n)) \tag{10.5}$$

ここで，$\frac{d}{dt}(f(t^n, u^n))$ は chain rule（**連鎖律**，付録 B）により，式(10.6)のように表すことができる．$\frac{dt}{dt} = 1$，また $\frac{du}{dt} = f(t^n, u^n)$ のため，式(10.6)は式(10.7)のように書くことができる．

$$\frac{d}{dt}(f(t^n, u^n)) = \frac{\partial f}{\partial t} \frac{dt}{dt} + \frac{\partial f}{\partial u} \frac{du}{dt} \tag{10.6}$$

$$\frac{d}{dt}(f(t^n, u^n)) = \frac{\partial f}{\partial t} + \frac{\partial f}{\partial u}f(t^n, u^n) \tag{10.7}$$

よって，式(10.5)は，式(10.8)のように記載することができる．ここで，式(10.2)〜(10.4)における未知パラメータ a, b, α, β を式(10.8)と等価となるように決定する方法について考える．

$$u^{n+1} = u^n + \Delta t f(t^n, u^n) + \frac{\Delta t^2}{2!}\left(\frac{\partial f}{\partial t} + \frac{\partial f}{\partial u}f(t^n, u^n)\right) \tag{10.8}$$

式(10.2)に式(10.3)，(10.4)を代入すると，式(10.9)のようになる．

$$u^{n+1} = u^n + a\Delta t f(t^n, u^n) + b\Delta t f(t^n + \alpha\Delta t, u^n + \beta k_1) \tag{10.9}$$

また式(10.9)の k_1 に式(10.3)を代入すると，式(10.10)のように書くことができる．

$$u^{n+1} = u^n + a\Delta t f(t^n, u^n) + b\Delta t f(t^n + \alpha\Delta t, u^n + \beta\Delta t f(t^n, u^n)) \tag{10.10}$$

式(10.10)において，$\Delta T = \alpha\Delta t$，$\Delta U = \beta\Delta t f(t^n, u^n)$ と置くと，式(10.11)のように表すことができる．

$$u^{n+1} = u^n + a\Delta t f(t^n, u^n) + b\Delta t f(t^n + \Delta T, u^n + \Delta U) \tag{10.11}$$

式(10.8)と比較できるように，式(10.11)の右辺第3項を $f(t^{n+1}, u^{n+1}) = f(t^n + \Delta T, u^n + \Delta U)$ と置くと式(10.12)のようになる．$f(t^{n+1}, u^{n+1})$ を Taylor 展開により表すと，式(10.13)のように書くことができ，$\Delta T = \alpha\Delta t$，$\Delta U = \beta\Delta t f(t^n, u^n)$ の関係より，式(10.14)のようになる．式(10.14)を整理すると，最終的に，式(10.15)のように書き表すことができる．

$$u^{n+1} = u^n + a\Delta t f(t^n, u^n) + b\Delta t f(t^{n+1}, u^{n+1}) \tag{10.12}$$

$$u^{n+1} = u^n + a\Delta t f(t^n, u^n) + b\Delta t\left(f(t^n, u^n) + \Delta T\frac{\partial f}{\partial t} + \Delta U\frac{\partial f}{\partial u}\right) \tag{10.13}$$

$$u^{n+1} = u^n + a\Delta t f(t^n, u^n) + b\Delta t\left(f(t^n, u^n) + \alpha\Delta t\frac{\partial f}{\partial t} + \beta\Delta t f(t^n, u^n)\frac{\partial f}{\partial u}\right) \tag{10.14}$$

$$u^{n+1} = u^n + (a+b)\Delta t f(t^n, u^n) + \Delta t^2\left(\alpha b\frac{\partial f}{\partial t} + \beta b f(t^n, u^n)\frac{\partial f}{\partial u}\right) \tag{10.15}$$

ここで，係数の比較を容易にするため，式(10.8)を式(10.16)のように書き直し，式(10.15)と比較する．

$$u^{n+1} = u^n + 1\Delta t f(t^n, u^n) + \Delta t^2\left(\frac{1}{2}\frac{\partial f}{\partial t} + \frac{1}{2}f(t^n, u^n)\frac{\partial f}{\partial u}\right) \tag{10.16}$$

式(10.15)と式(10.16)の係数を比較すると，$a+b=1$，$\alpha b=\frac{1}{2}$，$\beta b=\frac{1}{2}$ となり，未知パラメータ a, b, α, β に対して方程式が3本のため，解を求めることができない．そこで，あるパラメータ1を決めて，残り3つの未知パラメータを決定する流れにより，未知パラメータ a, b, α, β の値を決めることにする．$\alpha=1$ の場合は，$a=\frac{1}{2}$，$b=\frac{1}{2}$，$\beta=1$ となり，この組み合わせにおける2次の Runge-Kutta 法を**修正 Euler 法**と呼ぶ．修正 Euler 法を適用した場合，式(10.1)における変数 u の時間進展式は，式(10.17)のようになる．また，パラメータ k_1, k_2 は式(10.18)，式(10.19)のように与えられる．

$$u^{n+1} = u^n + \frac{1}{2}k_1 + \frac{1}{2}k_2 \tag{10.17}$$

$$k_1 = \Delta t f(t^n, u^n) \tag{10.18}$$

$$k_2 = \Delta t f(t^n + \Delta t, u^n + k_1) \tag{10.19}$$

また，$a=0$，$b=1$，$\alpha = \dfrac{1}{2}$，$\beta = \dfrac{1}{2}$ の場合を**中点法**と呼び，変数 u の時間進展式は，式(10.20)のようになる．また，パラメータ k_1，k_2 は式(10.21)，(10.22)のように与えられる．

$$u^{n+1} = u^n + k_2 \tag{10.20}$$

$$k_1 = \Delta t f(t^n, u^n) \tag{10.21}$$

$$k_2 = \Delta t f\left(t^n + \frac{\Delta t}{2}, u^n + \frac{k_1}{2}\right) \tag{10.22}$$

以下に，具体的な微分方程式に対して，修正 Euler 法よる変数の時間進展式におけるパラメータ k_1，k_2 について説明する．式(10.23)に示す微分方程式について変数 u の時間進展式を求めることを考える．

$$\frac{du}{dt} = tu \quad (= f(t^n, u^n)) \tag{10.23}$$

修正 Euler 法による時間進展式を考え，式(10.17)を用いることとすると，パラメータ k_1，k_2 は式(10.24)，(10.25)のように与えられる．初期条件を元に，時間進展の計算を式(10.17)，(10.24)，(10.25)を用いて繰り返すことで，各時間ステップ n における変数 u の値を求めることができる．

$$k_1 = \Delta t f(t^n, u^n) = \Delta t t^n u^n \tag{10.24}$$

$$k_2 = \Delta t f(t^n + \Delta t, u^n + k_1) = \Delta t (t^n + \Delta t)(u^n + k_1) = \Delta t (t^n + \Delta t)(u^n + \Delta t t^n u^n) \tag{10.25}$$

次に，u^{n+1} を u^n と 4 項の変数の和により表される 4 次の Runge-Kutta 法について紹介する．4 次の Runge-Kutta 法では，変数 u の時間進展式は式(10.26)のように表され，$k_1 \sim k_4$ は式(10.27)〜(10.30)により表される．2 次の Runge-Kutta 法より計算する式は多くなるが，一般に精度の高い微分方程式の数値解法として知られている．

$$u^{n+1} = u^n + \frac{1}{6}(k_1 + 2k_2 + 2k_3 + k_4) \tag{10.26}$$

$$k_1 = \Delta t f(t^n, u^n) \tag{10.27}$$

$$k_2 = \Delta t f\left(t^n + \frac{\Delta t}{2}, u^n + \frac{k_1}{2}\right) \tag{10.28}$$

$$k_3 = \Delta t f\left(t^n + \frac{\Delta t}{2}, u^n + \frac{k_2}{2}\right) \tag{10.29}$$

$$k_4 = \Delta t f(t^n + \Delta t, u^n + k_3) \tag{10.30}$$

10.2 Lotka-Volterra の方程式（連立常微分方程式）

次に連立常微分方程式の一例として，Lotka-Volterra の方程式について説明する．Lotka-Volterra の方程式は生態系における捕食者と被捕食者の数の関係を表した微分方程式であり，式(10.31)，(10.32)のように書くことができる．ここに，x は被捕食者を示し，y は捕食者を示す．パラメータ α, β, γ, δ は実測に基づくように設定されるものであり，適切にパラメータの設定をすることで，被捕食者 x と捕食者 y の数が時間とともにどのように変化していくか定量的に示すことができる．

$$\frac{dx}{dt}=x(\alpha-\beta y)=f(x,y) \tag{10.31}$$

$$\frac{dy}{dt}=-y(\gamma-\delta x)=g(x,y) \tag{10.32}$$

ここで，前節の修正 Euler 法を適用し，被捕食者数 x と捕食者数 y の時間進展を計算することにする．パラメータ k_{x1}, k_{x2}, k_{y1}, k_{y2} は式(10.33)〜(10.38)のように与えられる．

$$x^{n+1}=x^n+\frac{1}{2}(k_{x1}+k_{x2}) \tag{10.33}$$

$$y^{n+1}=y^n+\frac{1}{2}(k_{y1}+k_{y2}) \tag{10.34}$$

$$k_{x1}=\Delta t f(x^n,y^n)=\Delta t x^n(\alpha-\beta y^n) \tag{10.35}$$

$$k_{x2}=\Delta t f(x^{n+1},y^{n+1})=\Delta t x^{n+1}(\alpha-\beta y^{n+1})$$
$$=\Delta t(x^n+\Delta t f(x^n,y^n))(\alpha-\beta(y^n+\Delta t g(x^n,y^n))) \tag{10.36}$$

$$k_{y1}=\Delta t g(x^n,y^n)=-\Delta t y^n(\gamma-\delta x^n) \tag{10.37}$$

$$k_{y2}=\Delta t g(x^{n+1},y^{n+1})=-\Delta t y^{n+1}(\gamma-\delta x^{n+1})$$
$$=-\Delta t(y^n+\Delta t g(x^n,y^n))(\gamma-\delta(x^n+\Delta t f(x^n,y^n))) \tag{10.38}$$

たとえば，被捕食者 x を魚，捕食者 y をサメと見立てて，パラメータ $\alpha, \beta, \gamma, \delta$ を適宜設定し解析を行うと，図10.1のような結果が得られる．図10.1からわかるように，サメの個体数が増えると，ある時間を境に魚の個体数が減少し，また少し時間が経過するとサメの個体数が減り，ある程度サメの個体数が減少してくると，魚の個体数が増えるというサイクルを繰り返すことがわかる．

また，式(10.31)，(10.32)の時間微分の近似に後退差分を適用した場合を考える．式(10.31)，(10.32)の時間微分の近似に後退差分を適用すると，式(10.39)，(10.40)のようになる．

$$\frac{x^{n+1}-x^n}{\Delta t}=x^{n+1}(\alpha-\beta y^{n+1}) \tag{10.39}$$

$$\frac{y^{n+1}-y^n}{\Delta t}=-y^{n+1}(\gamma-\delta x^{n+1}) \tag{10.40}$$

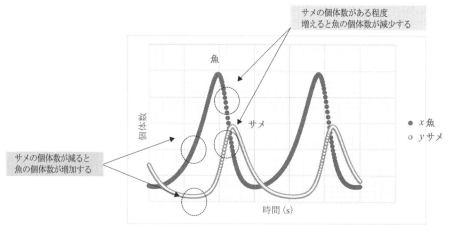

図 10.1　Lotka-Volterra の方程式における被捕食者 x（魚），捕食者 y（サメ）の関係の一例

ここで，将来の時間ステップ $n+1$ の変数 x^{n+1}，y^{n+1} を左辺に，現在の時間ステップ n の変数 x^n，y^n を右辺に整理すると，式(10.41)，(10.42)のように書くことができる．

$$(1-\Delta t\alpha)x^{n+1}+\Delta t\beta x^{n+1}y^{n+1}=x^n \tag{10.41}$$

$$-\Delta t\delta y^{n+1}x^{n+1}+(1+\Delta t\gamma)y^{n+1}=y^n \tag{10.42}$$

式(10.41)，(10.42)を行列表記とすると，式(10.43)のようになる．式(10.43)に示すように，係数行列に未知変数を含むことから，非線形の連立方程式となる．この式を解くためには，第1章において説明を行った Newton-Raphson 法の適用が必要となる．ここでは，2つの変数を取り扱うため，改めて説明する．

$$\begin{bmatrix} 1-\Delta t\alpha & \Delta t\beta x^{n+1} \\ -\Delta t\delta y^{n+1} & 1+\Delta t\gamma \end{bmatrix}\begin{Bmatrix} x^{n+1} \\ y^{n+1} \end{Bmatrix}=\begin{Bmatrix} x^n \\ y^n \end{Bmatrix} \tag{10.43}$$

Newton-Raphson 法では，式(10.44)，(10.45)に示すような，非線形の連立方程式を反復計算により，数値的に解くことができる．

$$f(x,y)=0 \tag{10.44}$$

$$g(x,y)=0 \tag{10.45}$$

式(10.44)，(10.45)に Taylor 展開を適用すると，将来の時間ステップ $n+1$ ステップにおける関数 f，g の値は，式(10.46)，(10.47)のように書くことができる．

$$f^{n+1}=f^n+\frac{\partial f^n}{\partial x}\Delta x+\frac{\partial f^n}{\partial y}\Delta y \tag{10.46}$$

$$g^{n+1}=g^n+\frac{\partial g^n}{\partial x}\Delta x+\frac{\partial g^n}{\partial y}\Delta y \tag{10.47}$$

式(10.46)，(10.47)を行列表記で記すと式(10.48)のようになる．ここで，反復計算により，f^{n+1} および g^{n+1} が零となるとすると，式(10.49)のように書くことができる．

$$\begin{Bmatrix} f \\ g \end{Bmatrix}^{n+1}=\begin{Bmatrix} f \\ g \end{Bmatrix}^n+\begin{bmatrix} \dfrac{\partial f^n}{\partial x} & \dfrac{\partial f^n}{\partial y} \\ \dfrac{\partial g^n}{\partial x} & \dfrac{\partial g^n}{\partial y} \end{bmatrix}\begin{Bmatrix} \Delta x \\ \Delta y \end{Bmatrix} \tag{10.48}$$

$$\begin{Bmatrix} 0 \\ 0 \end{Bmatrix}^{n+1}=\begin{Bmatrix} f \\ g \end{Bmatrix}^n+\begin{bmatrix} \dfrac{\partial f^n}{\partial x} & \dfrac{\partial f^n}{\partial y} \\ \dfrac{\partial g^n}{\partial x} & \dfrac{\partial g^n}{\partial y} \end{bmatrix}\begin{Bmatrix} \Delta x \\ \Delta y \end{Bmatrix} \tag{10.49}$$

式(10.49)を移項し整理すると，式(10.50)のように書くことができ，最終的に Δx，Δy との等式を導くと，式(10.51)のようになる．

$$\begin{bmatrix} \dfrac{\partial f^n}{\partial x} & \dfrac{\partial f^n}{\partial y} \\ \dfrac{\partial g^n}{\partial x} & \dfrac{\partial g^n}{\partial y} \end{bmatrix}\begin{Bmatrix} \Delta x \\ \Delta y \end{Bmatrix}=-\begin{Bmatrix} f \\ g \end{Bmatrix}^n \tag{10.50}$$

$$\begin{Bmatrix} \Delta x \\ \Delta y \end{Bmatrix}=-\begin{bmatrix} \dfrac{\partial f^n}{\partial x} & \dfrac{\partial f^n}{\partial y} \\ \dfrac{\partial g^n}{\partial x} & \dfrac{\partial g^n}{\partial y} \end{bmatrix}^{-1}\begin{Bmatrix} f \\ g \end{Bmatrix}^n \tag{10.51}$$

　ここで，Δx, Δy を各反復回数における x および y の差とすると，式(10.52)のように書くことができ，最終的に式(10.53)のようになる．

$$\begin{Bmatrix} x \\ y \end{Bmatrix}^{n+1} - \begin{Bmatrix} x \\ y \end{Bmatrix}^{n} = -\begin{bmatrix} \dfrac{\partial f^n}{\partial x} & \dfrac{\partial f^n}{\partial y} \\ \dfrac{\partial g^n}{\partial x} & \dfrac{\partial g^n}{\partial y} \end{bmatrix}^{-1} \begin{Bmatrix} f \\ g \end{Bmatrix}^{n} \tag{10.52}$$

$$\begin{Bmatrix} x \\ y \end{Bmatrix}^{n+1} = \begin{Bmatrix} x \\ y \end{Bmatrix}^{n} - \begin{bmatrix} \dfrac{\partial f^n}{\partial x} & \dfrac{\partial f^n}{\partial y} \\ \dfrac{\partial g^n}{\partial x} & \dfrac{\partial g^n}{\partial y} \end{bmatrix}^{-1} \begin{Bmatrix} f \\ g \end{Bmatrix}^{n} \tag{10.53}$$

　2 変数の非線形の連立方程式の解を数値的に算定するためには，式(10.53)により反復的に計算をすることにより，Δx, Δy（各反復回数における x および y の差）が限りなく小さくなるまで計算することにより，最終的に x および y が算定されることになる．式(10.53)に対して Newton-Raphson 法を適用する場合においては，式(10.53)の右辺第 2 項に示す逆行列を計算する必要があり，この準備をすることで反復計算が可能となる．

10.3　陽解法および陰解法

　前章では，時間方向および空間方向に対する微分が混在した方程式に対する差分解法を示したが時間方向に対する微分，空間方向に対して x および y 方向に対する微分が混在した微分方程式に対する差分解法について説明をする．図 10.2 に示す 2 次元非定常熱伝導問題の計算モデルを対象とし，差分解法について説明する．

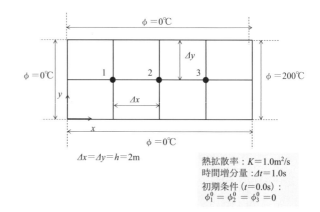

図 10.2　2 次元非定常熱伝導問題の計算モデル

　式(10.54)に示す 2 次元非定常熱伝導方程式を導入する．ここに ϕ は温度，K は熱拡散率を示す．

$$\frac{\partial \phi}{\partial t} - K\left(\frac{\partial^2 \phi}{\partial x^2} + \frac{\partial^2 \phi}{\partial y^2}\right) = 0 \tag{10.54}$$

　式(10.54)に対して，時間方向に前進差分，空間方向に二階微分に対する**差分近似**を適用すると格子点 1, 2, 3 に対する差分方程式は，式(10.55)～(10.57)のように書くことができる．式(10.55)～(10.57)を整理すると式(10.58)のようになる．

$$\frac{\phi_1^{n+1} - \phi_1^n}{\Delta t} - \frac{K}{h^2}(0 + \phi_2^n + 0 + 0 - 4\phi_1^n) = 0 \tag{10.55}$$

$$\frac{\phi_2^{n+1} - \phi_2^n}{\Delta t} - \frac{K}{h^2}(\phi_1^n + \phi_3^n + 0 + 0 - 4\phi_2^n) = 0 \tag{10.56}$$

$$\frac{\phi_3^{n+1}-\phi_3^n}{\Delta t}-\frac{K}{h^2}(\phi_2^n+200+0+0-4\phi_3^n)=0 \tag{10.57}$$

$$\begin{cases} \phi_1^{n+1}=\phi_1^n+\frac{1}{4}(\phi_2^n-4\phi_1^n) \\[2mm] \phi_2^{n+1}=\phi_2^n+\frac{1}{4}(\phi_1^n+\phi_3^n-4\phi_2^n) \\[2mm] \phi_3^{n+1}=\phi_3^n+\frac{1}{4}(\phi_2^n+200-4\phi_3^n) \end{cases} \tag{10.58}$$

また，式(10.54)に対して，時間方向に後退差分，空間方向に二階微分に対する差分近似を適用すると格子点 1,2,3 に対する差分方程式は，式(10.59)〜(10.61)のように書くことができる．式(10.59)〜(10.61)を整理すると式(10.62)のようになる．

$$\frac{\phi_1^{n+1}-\phi_1^n}{\Delta t}-\frac{K}{h^2}(0+\phi_2^{n+1}+0+0-4\phi_1^{n+1})=0 \tag{10.59}$$

$$\frac{\phi_2^{n+1}-\phi_2^n}{\Delta t}-\frac{K}{h^2}(\phi_1^{n+1}+\phi_3^{n+1}+0+0-4\phi_2^{n+1})=0 \tag{10.60}$$

$$\frac{\phi_3^{n+1}-\phi_3^n}{\Delta t}-\frac{K}{h^2}(\phi_2^{n+1}+200+0+0-4\phi_3^{n+1})=0 \tag{10.61}$$

$$\begin{cases} \phi_1^{n+1}-\frac{1}{4}(\phi_2^{n+1}-4\phi_1^{n+1})=\phi_1^n \\[2mm] \phi_2^{n+1}-\frac{1}{4}(\phi_1^{n+1}+\phi_3^{n+1}-4\phi_2^{n+1})=\phi_2^n \\[2mm] \phi_3^{n+1}-\frac{1}{4}(\phi_2^{n+1}-4\phi_3^{n+1})=\phi_3^n+50 \end{cases} \tag{10.62}$$

式(10.58)，式(10.62)を行列表示すると，式(10.63)，(10.64)のように書くことができる．式(10.63)は，左辺の各格子点に対する方程式において未知数（$n+1$ ステップにおける温度）が 1 つ，式(10.64)は左辺の各格子点に対する方程式において未知数が複数含まれていることがわかる．各格子点に対する方程式において未知数が 1 つの場合は，右辺の式に n ステップにおける温度の値を代入することにより $n+1$ ステップにおける温度を算定できるが，各格子点に対する方程式において未知数が複数の場合は，連立方程式を解く必要がある．このように，定式化後，それぞれの格子点の方程式の左辺に未知数が 1 つになる解法を陽解法，定式化後，それぞれの格子点の方程式の左辺に未知数が 2 つ以上になる解法を陰解法と呼ぶ．

$$\begin{Bmatrix} \phi_1^{n+1} \\ \phi_2^{n+1} \\ \phi_3^{n+1} \end{Bmatrix}=\frac{1}{4}\begin{bmatrix} 0 & 1 & 0 \\ 1 & 0 & 1 \\ 0 & 1 & 0 \end{bmatrix}\begin{Bmatrix} \phi_1^n \\ \phi_2^n \\ \phi_3^n \end{Bmatrix}+\begin{Bmatrix} 0 \\ 0 \\ 50 \end{Bmatrix} \tag{10.63}$$

$$\frac{1}{4}\begin{bmatrix} 8 & -1 & 0 \\ -1 & 8 & -1 \\ 0 & -1 & 8 \end{bmatrix}\begin{Bmatrix} \phi_1^{n+1} \\ \phi_2^{n+1} \\ \phi_3^{n+1} \end{Bmatrix}=\begin{Bmatrix} \phi_1^n \\ \phi_2^n \\ \phi_3^n \end{Bmatrix}+\begin{Bmatrix} 0 \\ 0 \\ 50 \end{Bmatrix} \tag{10.64}$$

式(10.63)は空間微分項を n ステップとしたものであり，式(10.64)は空間微分項を $n+1$ ステップとして取り扱ったものである．この n ステップと $n+1$ ステップの値の取り扱いをたとえば 3 割と 7

割に分ける等，両方のステップの値を代入をする手法がある．この方法は θ 法と呼ばれ，θ は 0〜1 の間で設定される．たとえば，(i, j) の格子点において，式(10.54)の空間微分に二階微分に対する差分近似，時間微分に θ 法を適用すると式(10.65)が得られる．

$$\frac{\phi_{i,j}^{n+1}-\phi_{i,j}^{n}}{\Delta t}-(\theta\frac{K}{h^2}(\phi_{i-1,j}^{n+1}+\phi_{i+1,j}^{n+1}+\phi_{i,j-1}^{n+1}+\phi_{i,j+1}^{n+1}-4\phi_{i,j}^{n+1})$$

$$+(1-\theta)\frac{K}{h^2}(\phi_{i-1,j}^{n}+\phi_{i+1,j}^{n}+\phi_{i,j-1}^{n}+\phi_{i,j+1}^{n}-4\phi_{i,j}^{n}))=0 \tag{10.65}$$

式(10.65)からも，θ を 1 とすると，時間微分項の差分近似に後退差分を適用した式になり，θ を 0 とすると時間微分項の差分近似に前進差分を適用した式になることがわかる．また，θ に 0.5 を適用した場合は，3.1 節で示した Crank-Nicolson 法を示しており，θ の値は問題を解く際に適宜設定することができる．

第11章

2次元領域の物理問題の解析に対する
有限要素法の導入

　第5章では，1次元モデルの**構造解析**における有限要素法を簡単に説明したが，本章では，有限要素法への導入として，2次元領域における定常熱伝導問題に対する**アイソパラメトリック要素**を用いた有限要素法，数値積分法である **Gauss-Legendre 積分**，2次元領域における**線形弾性体**の変形問題に対する有限要素法について説明する．

11.1　2次元領域における定常熱伝導問題に対する有限要素法の適用
　　　（アイソパラメトリック要素の使用）

　図11.1に示す解析領域における温度分布を求める問題を考える．ここに，Ω は解析領域，Γ_1 は第一種境界（Dirichlet 境界），Γ_2 は第二種境界（Neumann 境界）を示す．式(11.1)に示す2次元の定常の熱伝導方程式を導入し，境界条件を式(11.2)，(11.3)のように定義する．κ は熱伝導率，T は温度，q は熱流束を示す．式(11.2)，(11.3)に示す $\widehat{T}$ や $\widehat{q}$ の上付きのハットの記号は既知温度と既知熱流束を示す．

$$\kappa\left(\frac{\partial^2 T}{\partial x^2}+\frac{\partial^2 T}{\partial y^2}\right)=0 \quad \text{in} \quad \Omega \tag{11.1}$$

$$T=\widehat{T} \quad \text{on} \quad \Gamma_1 \tag{11.2}$$

$$q=-\kappa\left(\frac{\partial T}{\partial x}\frac{\partial y}{\partial \Gamma}+\frac{\partial T}{\partial y}\frac{\partial x}{\partial \Gamma}\right)=\widehat{q} \quad \text{on} \quad \Gamma_2 \tag{11.3}$$

　有限要素法では，図11.1を小さな**要素領域** Ω_e に分割し，要素領域 Ω_e を**重ね合わせる**ことで**全体領域** Ω における物理量の分布を算定する．ここでは，要素として，四角形の4節点のアイソパラメトリック要素を導入し，有限要素法により，式(11.1)の定式化を進める．有限要素法による定式化の方法はいくつか存在するが，**重み付き残差法**を導入し説明を行う．式(11.1)は厳密解であれば右辺側は零を満たす解ではあるが，数値計算では近似解を算定するため右辺側が**残差** r となる．重み付き残差法では，残差 r に**重み関数**（任意関

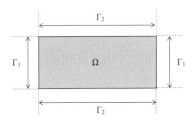

図 11.1　領域 Ω および境界 Γ の定義
（2次元領域における定常
熱伝導問題の解析）

数）w を乗じ要素領域 Ω_e において積分し，その値が零となるところから式展開が始まる．この式を**重み付き残差方程式**と呼ぶ．式(11.1)に対する重み付き残差方程式は式(11.4)のように書くことができる．残差 r は与式である微分方程式を示しているため，残差 r として式(11.1)の左辺を代入し，零との等式とする．

$$\int_{\Omega_e} wrd\Omega = \kappa \int_{\Omega_e} w\left(\frac{\partial^2 T}{\partial x^2} + \frac{\partial^2 T}{\partial y^2}\right)d\Omega = 0 \tag{11.4}$$

ここで，要素領域 Ω_e と要素領域の境界 Γ_e における関係式を導くために，式(11.4)に対して**Green の定理**（付録C）を適用する．Green の定理を適用すると，式(11.5)のように書くことができる．式(11.5)において，重み関数 w と温度 T の勾配の項の積の微分を積分している項とそれ以外の項に分けると式(11.6)のようになる．

$$\kappa \int_{\Omega_e}\left(\frac{\partial}{\partial x}\left(w\frac{\partial T}{\partial x}\right) - \frac{\partial w}{\partial x}\frac{\partial T}{\partial x} + \frac{\partial}{\partial y}\left(w\frac{\partial T}{\partial y}\right) - \frac{\partial w}{\partial y}\frac{\partial T}{\partial y}\right)d\Omega = 0 \tag{11.5}$$

$$\kappa \int_{\Omega_e}\left(\frac{\partial w}{\partial x}\frac{\partial T}{\partial x} + \frac{\partial w}{\partial y}\frac{\partial T}{\partial y}\right)d\Omega - \kappa \int_{\Omega_e}\left(\frac{\partial}{\partial x}\left(w\frac{\partial T}{\partial x}\right) + \frac{\partial}{\partial y}\left(w\frac{\partial T}{\partial y}\right)\right)d\Omega = 0 \tag{11.6}$$

式(11.6)の左辺第2項は，**要素境界** Γ_e に対して，式(11.7)のように書くことができる．式(11.7)の左辺第2項を熱流束 q により置き換えると式(11.8)のように整理することが出来る．式(11.8)の左辺第1項は，重み関数による項と温度 T の勾配の項に分け，ベクトルの内積により記載している．

$$\kappa \int_{\Omega_e}\left(\frac{\partial w}{\partial x}\frac{\partial T}{\partial x} + \frac{\partial w}{\partial y}\frac{\partial T}{\partial y}\right)d\Omega - \kappa \int_{\Gamma_e}\left(w\frac{\partial T}{\partial x}\frac{\partial y}{\partial \Gamma} + w\frac{\partial T}{\partial y}\frac{\partial x}{\partial \Gamma}\right)d\Gamma = 0 \tag{11.7}$$

$$\kappa \int_{\Omega_e}\left\{\frac{\partial w}{\partial x} \quad \frac{\partial w}{\partial y}\right\}\begin{bmatrix}\dfrac{\partial T}{\partial x}\\[2mm]\dfrac{\partial T}{\partial y}\end{bmatrix}d\Omega + \int_{\Gamma_e} wqd\Gamma = 0 \tag{11.8}$$

ここで，式(11.8)の積分の計算を数値的に行うことを考える．一般に，**物理空間**上の要素領域を**計算空間**に**写像**することにより，積分計算が行われる．図11.2に示すように，物理空間の要素領域は，どの要素領域も，計算空間では $(-1, -1), (1, -1), (1, 1), (-1, 1)$ を頂点とする領域において積分計算が行われ，数値積分を単純化することができる．

物理空間から計算空間に変数を変換するために，chain rule（連鎖律，付録B）を適用する．重み関数 w の計算空間における勾配 $\dfrac{\partial w}{\partial \xi}$，$\dfrac{\partial w}{\partial \eta}$ を考えると，式(11.9)のように書くことができる．$J_{11}\sim J_{22}$ の成分を元行列は **Jacobi 行列**と呼ばれ，Jacobi 行列の逆行列を式(11.9)の両辺に乗じると，式(11.10)のように書くことができる．ここに，$|J|$ は Jacobi 行列の行列式であり，$|J| = J_{11}J_{22} - J_{12}J_{21} =$

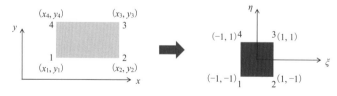

図11.2　物理空間（左図：x-y 座標）から計算空間（右図：ξ-η 座標）への写像

$\dfrac{\partial x}{\partial \xi}\dfrac{\partial y}{\partial \eta}-\dfrac{\partial y}{\partial \xi}\dfrac{\partial x}{\partial \eta}$ を示す．式(11.10)により，$\dfrac{\partial w}{\partial x}$，$\dfrac{\partial w}{\partial y}$ を求めることができ，式(11.8)の積分を計算空間の変数として積分を計算することになる．式(11.8)に代入できるように，転置ベクトルの形にすると式(11.11)のように書くことができる．

$$\begin{Bmatrix}\dfrac{\partial w}{\partial \xi}\\[2mm]\dfrac{\partial w}{\partial \eta}\end{Bmatrix}=\begin{bmatrix}\dfrac{\partial x}{\partial \xi}&\dfrac{\partial y}{\partial \xi}\\[2mm]\dfrac{\partial x}{\partial \eta}&\dfrac{\partial y}{\partial \eta}\end{bmatrix}\begin{Bmatrix}\dfrac{\partial w}{\partial x}\\[2mm]\dfrac{\partial w}{\partial y}\end{Bmatrix}=\begin{bmatrix}J_{11}&J_{12}\\J_{21}&J_{22}\end{bmatrix}\begin{Bmatrix}\dfrac{\partial w}{\partial x}\\[2mm]\dfrac{\partial w}{\partial y}\end{Bmatrix} \tag{11.9}$$

$$\begin{Bmatrix}\dfrac{\partial w}{\partial x}\\[2mm]\dfrac{\partial w}{\partial y}\end{Bmatrix}=\begin{bmatrix}\dfrac{\partial x}{\partial \xi}&\dfrac{\partial y}{\partial \xi}\\[2mm]\dfrac{\partial x}{\partial \eta}&\dfrac{\partial y}{\partial \eta}\end{bmatrix}^{-1}\begin{Bmatrix}\dfrac{\partial w}{\partial \xi}\\[2mm]\dfrac{\partial w}{\partial \eta}\end{Bmatrix}=\dfrac{1}{|J|}\begin{bmatrix}J_{22}&-J_{12}\\-J_{21}&J_{11}\end{bmatrix}\begin{Bmatrix}\dfrac{\partial w}{\partial \xi}\\[2mm]\dfrac{\partial w}{\partial \eta}\end{Bmatrix} \tag{11.10}$$

$$\begin{Bmatrix}\dfrac{\partial w}{\partial x}&\dfrac{\partial w}{\partial y}\end{Bmatrix}=\begin{Bmatrix}\dfrac{\partial w}{\partial \xi}&\dfrac{\partial w}{\partial \eta}\end{Bmatrix}\dfrac{1}{|J|}\begin{bmatrix}J_{22}&-J_{21}\\-J_{12}&J_{11}\end{bmatrix} \tag{11.11}$$

同様に，温度 T の物理空間における勾配と，計算空間における勾配の関係式を誘導すると，式(11.12)のように書くことができる．

$$\begin{Bmatrix}\dfrac{\partial T}{\partial x}\\[2mm]\dfrac{\partial T}{\partial y}\end{Bmatrix}=\dfrac{1}{|J|}\begin{bmatrix}J_{22}&-J_{12}\\-J_{21}&J_{11}\end{bmatrix}\begin{Bmatrix}\dfrac{\partial T}{\partial \xi}\\[2mm]\dfrac{\partial T}{\partial \eta}\end{Bmatrix} \tag{11.12}$$

式(11.11)，(11.12)を式(11.8)に代入すると，式(11.13)のようになる．

$$\kappa\int_{\Omega_e}\begin{Bmatrix}\dfrac{\partial w}{\partial \xi}&\dfrac{\partial w}{\partial \eta}\end{Bmatrix}\dfrac{1}{|J|}\begin{bmatrix}J_{22}&-J_{21}\\-J_{12}&J_{11}\end{bmatrix}\dfrac{1}{|J|}\begin{bmatrix}J_{22}&-J_{12}\\-J_{21}&J_{11}\end{bmatrix}\begin{Bmatrix}\dfrac{\partial T}{\partial \xi}\\[2mm]\dfrac{\partial T}{\partial \eta}\end{Bmatrix}d\Omega+\int_{\Gamma_e}wqd\Gamma=0 \tag{11.13}$$

ここで，式(11.14)，(11.15)のように，重み関数 w，温度 T を計算空間 (ξ,η) による補間関数により表す．$w_1 \sim w_4$ および $T_1 \sim T_4$ は四角形のアイソパラメトリック要素の各頂点における値を示しており，式(11.14)，(11.15)における $N_1 \sim N_4$ は**形状関数**と呼ばれ，式(11.16)～(11.19)のように表される（付録 D）．計算空間の $(\xi,\eta)=(-1,-1),(1,-1),(1,1),(-1,1)$ の座標値において，たとえば，$(\xi,\eta)=(-1,-1)$ では $N_1=1$，$N_2=0$，$N_3=0$，$N_4=0$ となり，式(11.14)では，$w(-1,-1)=w_1$，式(11.15)では，$T(-1,-1)=T_1$ となる．各頂点においての座標値 (ξ,η) を代入すると，各頂点の変数の値となり，また，要素内の座標値を入れることで，要素内の物理量を補間し算定できる式となっている．

$$w(\xi,\eta)=N_1(\xi,\eta)w_1+N_2(\xi,\eta)w_2+N_3(\xi,\eta)w_3+N_4(\xi,\eta)w_4 \tag{11.14}$$

$$T(\xi,\eta)=N_1(\xi,\eta)T_1+N_2(\xi,\eta)T_2+N_3(\xi,\eta)T_3+N_4(\xi,\eta)T_4 \tag{11.15}$$

$$N_1=\dfrac{1}{4}(1-\xi)(1-\eta) \tag{11.16}$$

$$N_2=\dfrac{1}{4}(1+\xi)(1-\eta) \tag{11.17}$$

$$N_3=\dfrac{1}{4}(1+\xi)(1+\eta) \tag{11.18}$$

$$N_4 = \frac{1}{4}(1-\xi)(1+\eta) \tag{11.19}$$

式(11.14)，(11.15)を式(11.13)に代入すると，式(11.20)のようになる．

$$\kappa \int_{\Omega_e} \{w_1 \, w_2 \, w_3 \, w_4\} \begin{bmatrix} \dfrac{\partial N_1}{\partial \xi} & \dfrac{\partial N_1}{\partial \eta} \\[2mm] \dfrac{\partial N_2}{\partial \xi} & \dfrac{\partial N_2}{\partial \eta} \\[2mm] \dfrac{\partial N_3}{\partial \xi} & \dfrac{\partial N_3}{\partial \eta} \\[2mm] \dfrac{\partial N_4}{\partial \xi} & \dfrac{\partial N_4}{\partial \eta} \end{bmatrix} \frac{1}{|J|} \begin{bmatrix} J_{22} & -J_{21} \\ -J_{12} & J_{11} \end{bmatrix} \frac{1}{|J|} \begin{bmatrix} J_{22} & -J_{12} \\ -J_{21} & J_{11} \end{bmatrix} \begin{bmatrix} \dfrac{\partial N_1}{\partial \xi} & \dfrac{\partial N_2}{\partial \xi} & \dfrac{\partial N_3}{\partial \xi} & \dfrac{\partial N_4}{\partial \xi} \\[2mm] \dfrac{\partial N_1}{\partial \eta} & \dfrac{\partial N_2}{\partial \eta} & \dfrac{\partial N_3}{\partial \eta} & \dfrac{\partial N_4}{\partial \eta} \end{bmatrix} \begin{Bmatrix} T_1 \\ T_2 \\ T_3 \\ T_4 \end{Bmatrix} d\Omega$$

$$+ \int_{\Gamma_e} \{w_1 \, w_2 \, w_3 \, w_4\} \begin{Bmatrix} N_1 \\ N_2 \\ N_3 \\ N_4 \end{Bmatrix} q \, d\Gamma = 0 \tag{11.20}$$

ここで，$w_1 \sim w_4$ の転置ベクトルにより式(11.20)を括ると式(11.21)のように書くことができる．

$$\{w_1 \, w_2 \, w_3 \, w_4\} \left(\kappa \int_{\Omega_e} \begin{bmatrix} \dfrac{\partial N_1}{\partial \xi} & \dfrac{\partial N_1}{\partial \eta} \\[2mm] \dfrac{\partial N_2}{\partial \xi} & \dfrac{\partial N_2}{\partial \eta} \\[2mm] \dfrac{\partial N_3}{\partial \xi} & \dfrac{\partial N_3}{\partial \eta} \\[2mm] \dfrac{\partial N_4}{\partial \xi} & \dfrac{\partial N_4}{\partial \eta} \end{bmatrix} \frac{1}{|J|} \begin{bmatrix} J_{22} & -J_{21} \\ -J_{12} & J_{11} \end{bmatrix} \frac{1}{|J|} \begin{bmatrix} J_{22} & -J_{12} \\ -J_{21} & J_{11} \end{bmatrix} \begin{bmatrix} \dfrac{\partial N_1}{\partial \xi} & \dfrac{\partial N_2}{\partial \xi} & \dfrac{\partial N_3}{\partial \xi} & \dfrac{\partial N_4}{\partial \xi} \\[2mm] \dfrac{\partial N_1}{\partial \eta} & \dfrac{\partial N_2}{\partial \eta} & \dfrac{\partial N_3}{\partial \eta} & \dfrac{\partial N_4}{\partial \eta} \end{bmatrix} d\Omega \begin{Bmatrix} T_1 \\ T_2 \\ T_3 \\ T_4 \end{Bmatrix} \right.$$

$$\left. + \int_{\Gamma_e} \begin{Bmatrix} N_1 \\ N_2 \\ N_3 \\ N_4 \end{Bmatrix} q \, d\Gamma \right) = 0 \tag{11.21}$$

$w_1 \sim w_4$ の値は任意であるため，どのような値であっても式(11.21)を満たすためには，$w_1 \sim w_4$ の転置ベクトルにより括られた部分が零ベクトルになる必要がある．結果として，式(11.22)が得られる．

$$\kappa \int_{\Omega_e} \begin{bmatrix} \dfrac{\partial N_1}{\partial \xi} & \dfrac{\partial N_1}{\partial \eta} \\[2mm] \dfrac{\partial N_2}{\partial \xi} & \dfrac{\partial N_2}{\partial \eta} \\[2mm] \dfrac{\partial N_3}{\partial \xi} & \dfrac{\partial N_3}{\partial \eta} \\[2mm] \dfrac{\partial N_4}{\partial \xi} & \dfrac{\partial N_4}{\partial \eta} \end{bmatrix} \frac{1}{|J|} \begin{bmatrix} J_{22} & -J_{21} \\ -J_{12} & J_{11} \end{bmatrix} \frac{1}{|J|} \begin{bmatrix} J_{22} & -J_{12} \\ -J_{21} & J_{11} \end{bmatrix} \begin{bmatrix} \dfrac{\partial N_1}{\partial \xi} & \dfrac{\partial N_2}{\partial \xi} & \dfrac{\partial N_3}{\partial \xi} & \dfrac{\partial N_4}{\partial \xi} \\[2mm] \dfrac{\partial N_1}{\partial \eta} & \dfrac{\partial N_2}{\partial \eta} & \dfrac{\partial N_3}{\partial \eta} & \dfrac{\partial N_4}{\partial \eta} \end{bmatrix} d\Omega \begin{Bmatrix} T_1 \\ T_2 \\ T_3 \\ T_4 \end{Bmatrix}$$

$$+ \int_{\Gamma_e} \begin{Bmatrix} N_1 \\ N_2 \\ N_3 \\ N_4 \end{Bmatrix} q \, d\Gamma = \begin{Bmatrix} 0 \\ 0 \\ 0 \\ 0 \end{Bmatrix} \tag{11.22}$$

ここで，式(11.22)において境界積分項を右辺に移項し，簡略化し式(11.23)のように書き改める．大括弧 [ ] は行列，中括弧 { } はベクトル，何も括弧が付いていない変数はスカラーを示す．行列の右上に T が付された行列は，転置行列を示す．

$$\kappa \int_{\Omega_e} [A]^T [J^{-1}]^T [J^{-1}] [A] d\Omega \{T\} = -\int_{\Gamma_e} \{N\} q d\Gamma \tag{11.23}$$

ここに $[A], [J^{-1}], \{T\}, \{N\}$ および $\{0\}$ は式(11.24)～(11.28)を示す．

$$[A] = \begin{bmatrix} \dfrac{\partial N_1}{\partial \xi} & \dfrac{\partial N_2}{\partial \xi} & \dfrac{\partial N_3}{\partial \xi} & \dfrac{\partial N_4}{\partial \xi} \\ \dfrac{\partial N_1}{\partial \eta} & \dfrac{\partial N_2}{\partial \eta} & \dfrac{\partial N_3}{\partial \eta} & \dfrac{\partial N_4}{\partial \eta} \end{bmatrix} = \frac{1}{4} \begin{bmatrix} \eta-1 & 1-\eta & 1+\eta & -\eta-1 \\ \xi-1 & -\xi-1 & 1+\xi & 1-\xi \end{bmatrix} \tag{11.24}$$

$$[J^{-1}] = \frac{1}{|J|} \begin{bmatrix} J_{22} & -J_{12} \\ -J_{21} & J_{11} \end{bmatrix} \tag{11.25}$$

$$\{T\} = \begin{Bmatrix} T_1 \\ T_2 \\ T_3 \\ T_4 \end{Bmatrix} \tag{11.26}$$

$$\{N\} = \begin{Bmatrix} N_1 \\ N_2 \\ N_3 \\ N_4 \end{Bmatrix} \tag{11.27}$$

$$\{0\} = \begin{Bmatrix} 0 \\ 0 \\ 0 \\ 0 \end{Bmatrix} \tag{11.28}$$

　次に，式(11.23)の積分領域を物理空間から計算空間へ置き換える．ξ-η 平面の座標値と x-y 平面の座標値は，式(11.29)，(11.30)により関係付けることができる．$\boldsymbol{a} = (d\xi_1, d\eta_1) = (1, 0)$，$\boldsymbol{b} = (d\xi_2, d\eta_2) = (0, 1)$ を具体的に変換すると，式(11.31)～(11.34)のようになり，図に示すと図11.3のようになる．

$$dx = \frac{\partial x}{\partial \xi} d\xi + \frac{\partial x}{\partial \eta} d\eta \tag{11.29}$$

$$dy = \frac{\partial y}{\partial \xi} d\xi + \frac{\partial y}{\partial \eta} d\eta \tag{11.30}$$

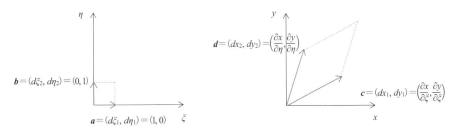

図 11.3　ξ-η 平面と x-y 平面の対応関係

$$dx_1 = \frac{\partial x}{\partial \xi} d\xi_1 + \frac{\partial x}{\partial \eta} d\eta_1 = \frac{\partial x}{\partial \xi} \tag{11.31}$$

$$dy_1 = \frac{\partial y}{\partial \xi} d\xi_1 + \frac{\partial y}{\partial \eta} d\eta_1 = \frac{\partial y}{\partial \xi} \tag{11.32}$$

$$dx_2 = \frac{\partial x}{\partial \xi} d\xi_2 + \frac{\partial x}{\partial \eta} d\eta_2 = \frac{\partial x}{\partial \eta} \tag{11.33}$$

$$dy_2 = \frac{\partial y}{\partial \xi} d\xi_2 + \frac{\partial y}{\partial \eta} d\eta_2 = \frac{\partial y}{\partial \eta} \tag{11.34}$$

図 11.3 に示したベクトル $\boldsymbol{a}$ および $\boldsymbol{b}$ によって囲まれた面積 $d\xi d\eta$ と，ベクトル $\boldsymbol{c}$ および $\boldsymbol{d}$ によって囲まれた面積 $dxdy$ はそれぞれのベクトルの外積の長さ（ノルム）に等しいため，式(11.35)，(11.36)のように計算することができる．

$$
\begin{aligned}
d\xi d\eta &= |\boldsymbol{a} \times \boldsymbol{b}| \\
&= \begin{vmatrix} \boldsymbol{i} & \boldsymbol{j} & \boldsymbol{k} \\ 1 & 0 & 0 \\ 0 & 1 & 0 \end{vmatrix} = |0 \cdot \boldsymbol{i} + 0 \cdot \boldsymbol{j} + 1 \cdot \boldsymbol{k}| \\
&= \sqrt{0^2 + 0^2 + 1^2} = 1
\end{aligned} \tag{11.35}
$$

$$
\begin{aligned}
dxdy &= |\boldsymbol{c} \times \boldsymbol{d}| \\
&= \begin{vmatrix} \boldsymbol{i} & \boldsymbol{j} & \boldsymbol{k} \\ \frac{\partial x}{\partial \xi} & \frac{\partial y}{\partial \xi} & 0 \\ \frac{\partial x}{\partial \eta} & \frac{\partial y}{\partial \eta} & 0 \end{vmatrix} = \left| 0 \cdot \boldsymbol{i} + 0 \cdot \boldsymbol{j} + \left(\frac{\partial x}{\partial \xi} \frac{\partial y}{\partial \eta} - \frac{\partial y}{\partial \xi} \frac{\partial x}{\partial \eta} \right) \boldsymbol{k} \right| \\
&= \sqrt{0^2 + 0^2 + \left(\frac{\partial x}{\partial \xi} \frac{\partial y}{\partial \eta} - \frac{\partial y}{\partial \xi} \frac{\partial x}{\partial \eta} \right)^2} = \left| \frac{\partial x}{\partial \xi} \frac{\partial y}{\partial \eta} - \frac{\partial y}{\partial \xi} \frac{\partial x}{\partial \eta} \right| = ||J||
\end{aligned} \tag{11.36}
$$

よって，式(11.36)より，$d\Omega = dxdy = ||J||$ となり，式(11.10)において説明した Jacobi 行列の行列式に絶対値を付けた形になる．式(11.35)より，$d\xi d\eta = 1$ であるため，$d\Omega$ と $d\xi d\eta$ の関係式は $d\Omega = ||J|| d\xi d\eta$ となる．結果として，式(11.23)は式(11.37)のように書くことができ，積分領域が ξ-η 座標系となり，積分区間も ξ および η に対して $-1\sim1$ の区間となる．右辺側の境界積分は，一般に，熱流束が与えられている境界において，要素辺の長さと $-q$ を掛け合わせ，熱流束が与えられている境界の両端の節点に熱流束の値を振り分けるという計算が行われる．

$$\kappa \int_{-1}^{1} \int_{-1}^{1} [A]^T [J^{-1}]^T [J^{-1}] [A] ||J|| d\xi d\eta \{T\} = -\int_{\Gamma_e} \{N\} q d\Gamma \tag{11.37}$$

左辺の積分は，一般に Gauss-Legendre 積分により行われる．Gauss-Legendre 積分は**積分点の数**により内挿関数を設定して積分を求める手法であり，一般に Simpson 則より精度が良い特徴がある．$\int_{-1}^{1} \int_{-1}^{1} f(\xi, \eta) d\xi d\eta$ の積分を Gauss-Legendre 積分により行う場合，式(11.38)に示すように，積分点 $N \times N$ 点において，それぞれの積分点の座標 (ξ_i, η_j) において設定された**重み係数** w_i および w_j を $f(\xi_i, \eta_j)$ に乗じて足し合わせることで計算が行われる．

$$V(\xi, \eta) = \int_{-1}^{1} \int_{-1}^{1} f(\xi, \eta) d\xi d\eta = \sum_{i=1}^{N} \sum_{j=1}^{N} w_i w_j f(\xi_i, \eta_j) \tag{11.38}$$

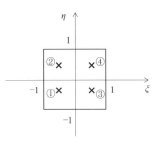

図 11.4 計算空間 ξ-η 平面における積分点の位置（積分点 4 点（$N=2$）の場合）

表 11.1 計算空間 ξ-η 平面における積分点の位置 (ξ_i, η_j) と重み係数 (w_i, w_j)（積分点 4 点（$N=2$）の場合）

積分点	(i, j)	ζ_i	η_j	w_i	w_j
①	(1,1)	$-1/\sqrt{3}$	$-1/\sqrt{3}$	1	1
②	(1,2)	$-1/\sqrt{3}$	$1/\sqrt{3}$	1	1
③	(2,1)	$1/\sqrt{3}$	$-1/\sqrt{3}$	1	1
④	(2,2)	$1/\sqrt{3}$	$1/\sqrt{3}$	1	1

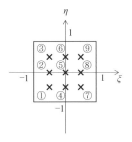

図 11.5 計算空間 ξ-η 平面における積分点の位置（積分点 9 点（$N=3$）の場合）

表 11.2 計算空間 ξ-η 平面における積分点の位置 (ξ_i, η_j) と重み係数 (w_i, w_j)（積分点 9 点（$N=3$）の場合）

積分点	(i, j)	ζ_i	η_j	w_i	w_j
①	(1,1)	$-\sqrt{3/5}$	$-\sqrt{3/5}$	5/9	5/9
②	(1,2)	$-\sqrt{3/5}$	0	5/9	8/9
③	(1,3)	$-\sqrt{3/5}$	$\sqrt{3/5}$	5/9	5/9
④	(2,1)	0	$-\sqrt{3/5}$	8/9	5/9
⑤	(2,2)	0	0	8/9	8/9
⑥	(2,3)	0	$\sqrt{3/5}$	8/9	5/9
⑦	(3,1)	$\sqrt{3/5}$	$-\sqrt{3/5}$	5/9	5/9
⑧	(3,2)	$\sqrt{3/5}$	0	5/9	8/9
⑨	(3,3)	$\sqrt{3/5}$	$\sqrt{3/5}$	5/9	5/9

　たとえば，積分点 $N=4$ の場合は，式(11.39)のように計算することができ，積分点の位置 (ξ_i, η_j) および重み係数 w_i および w_j は図 11.4，表 11.1 のように与えられる．積分点 $N=9$ の場合は，図 11.5，表 11.2 のように与えられる．ここに示したものは一例であり，2次元モデルにおいて，より積分点数が多い場合や，3次元モデルの場合等，それぞれに対して，積分点の位置，および重み係数が与えられる．

$$V(\xi, \eta) = \int_{-1}^{1} \int_{-1}^{1} f(\xi, \eta) d\xi d\eta$$
$$= w_1 w_1 f(\xi_1, \eta_1) + w_1 w_2 f(\xi_1, \eta_2) + w_2 w_1 f(\xi_2, \eta_1) + w_2 w_2 f(\xi_2, \eta_2)$$
$$= \sum_{i=1}^{2} \sum_{j=1}^{2} w_i w_j f(\xi_i, \eta_j) \tag{11.39}$$

　式(11.37)に Gauss-Legendre 積分を適用すると，式(11.40)のように書くことができる．式(11.40)に示すように，積分点の位置 (ξ_i, η_j) を変えながら，左辺の被積分項を計算し，重み係数 w_i および w_j を乗じて足し合わせることで，式(11.38)の左辺の計算空間における積分を近似的に計算する．

$$\kappa \sum_{i=1}^{N} \sum_{j=1}^{N} \Big(w_i w_j [A(\xi_i, \eta_j)]^T \big[J(\xi_i, \eta_j)^{-1} \big]^T \big[J(\xi_i, \eta_j)^{-1} \big] [A(\xi_i, \eta_j)] \big| |J(\xi_i, \eta_j)| \big| \Big) \{T\} = -\int_{\Gamma_e} \{N\} q d\Gamma$$
$$\tag{11.40}$$

　式(11.40)は，4節点のアイソパラメトリック要素の使用した場合における，2次元領域における定

常熱伝導問題に対する有限要素方程式を示しており，対象とする要素領域 Ω_e に対して誘導されたものである．具体的に解く場合は，式(11.40)を全体領域における各要素に対する有限要素方程式を重ね合わせることでモデル全体に対する方程式を誘導し，境界条件を考慮した有限要素方程式に変形し解くことにより，領域内における温度 T を算定することができる．

11.2　2次元領域における線形弾性体の変形問題に対する有限要素法の適用（アイソパラメトリック要素の使用）

次に弾性力学における2次元領域における線形弾性体の変形問題を考える．図11.6に示すように，ある要素においてモーメントのつり合いを考慮し，$\tau_{xy}=\tau_{yx}$ とする．

つり合い方程式は，式(11.41)，(11.42)のようになり，行列表記すると式(11.43)のように書くことができる．ここに，σ_{xx}, σ_{yy} は垂直応力を示し，τ_{xy} はせん断応力を示す．

図11.6 微小領域におけるせん断応力

$$\frac{\partial \sigma_{xx}}{\partial x}+\frac{\partial \tau_{xy}}{\partial y}=0 \tag{11.41}$$

$$\frac{\partial \tau_{xy}}{\partial x}+\frac{\partial \sigma_{yy}}{\partial y}=0 \tag{11.42}$$

$$\begin{bmatrix} \partial/\partial x & 0 & \partial/\partial y \\ 0 & \partial/\partial y & \partial/\partial x \end{bmatrix} \begin{Bmatrix} \sigma_{xx} \\ \sigma_{yy} \\ \tau_{xy} \end{Bmatrix} = \begin{Bmatrix} 0 \\ 0 \end{Bmatrix} \tag{11.43}$$

応力-ひずみ関係式は，式(11.44)～(11.46)のように表すことができる．ϵ_{xx}, ϵ_{yy} は垂直ひずみ，γ_{xy} はせん断ひずみを示す．ここで，係数となる D の添え字を式(11.47)～(11.49)のように書き替える．式(11.47)～(11.49)を行列表記すると式(11.50)のように書くことができる．ここに，D_{11}～D_{33} により表された行列を弾性係数行列と呼ぶ．

$$\sigma_{xx}=D_{xxxx}\epsilon_{xx}+D_{xxyy}\epsilon_{yy}+D_{xxxy}\gamma_{xy} \tag{11.44}$$

$$\sigma_{yy}=D_{yyxx}\epsilon_{xx}+D_{yyyy}\epsilon_{yy}+D_{yyxy}\gamma_{xy} \tag{11.45}$$

$$\tau_{xy}=D_{xyxx}\epsilon_{xx}+D_{xyyy}\epsilon_{yy}+D_{xyxy}\gamma_{xy} \tag{11.46}$$

$$\sigma_{xx}=D_{11}\epsilon_{xx}+D_{12}\epsilon_{yy}+D_{13}\gamma_{xy} \tag{11.47}$$

$$\sigma_{yy}=D_{21}\epsilon_{xx}+D_{22}\epsilon_{yy}+D_{23}\gamma_{xy} \tag{11.48}$$

$$\tau_{xy}=D_{31}\epsilon_{xx}+D_{32}\epsilon_{yy}+D_{33}\gamma_{xy} \tag{11.49}$$

$$\begin{Bmatrix} \sigma_{xx} \\ \sigma_{yy} \\ \tau_{xy} \end{Bmatrix} = \begin{bmatrix} D_{11} & D_{12} & D_{13} \\ D_{21} & D_{22} & D_{23} \\ D_{31} & D_{32} & D_{33} \end{bmatrix} \begin{Bmatrix} \epsilon_{xx} \\ \epsilon_{yy} \\ \gamma_{xy} \end{Bmatrix} \tag{11.50}$$

2次元領域の問題においては，図11.7に示すように，対象としている平面において，奥行きが短く薄い平板の場合（**平面応力状態**）と，奥行きが長いモデルに対してある断面を見ている場合（**平面ひずみ状態**）に対して弾性係数行列の与え方が異なり，平面応力状態に対しては式(11.51)，平面ひ

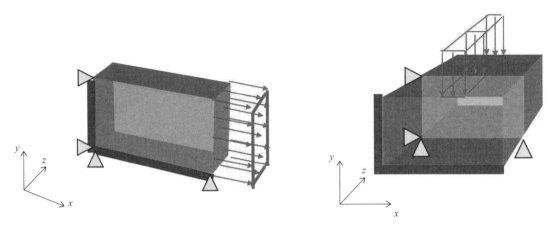

図 11.7 断面2次元領域における平面応力状態（左）と平面ひずみ状態（右）

ずみ状態に対しては式(11.52)のように与えられる（付録 E）．ここに，E は Young 率，ν は **Poisson** 比を示す．

$$
\begin{bmatrix} D_{11} & D_{12} & D_{13} \\ D_{21} & D_{22} & D_{23} \\ D_{31} & D_{32} & D_{33} \end{bmatrix} = \frac{E}{1-\nu^2} \begin{bmatrix} 1 & \nu & 0 \\ \nu & 1 & 0 \\ 0 & 0 & \dfrac{1-\nu}{2} \end{bmatrix} \tag{11.51}
$$

$$
\begin{bmatrix} D_{11} & D_{12} & D_{13} \\ D_{21} & D_{22} & D_{23} \\ D_{31} & D_{32} & D_{33} \end{bmatrix} = \frac{E(1-\nu)}{(1-2\nu)(1+\nu)} \begin{bmatrix} 1 & \dfrac{\nu}{1-\nu} & 0 \\ \dfrac{\nu}{1-\nu} & 1 & 0 \\ 0 & 0 & \dfrac{1-2\nu}{2(1-\nu)} \end{bmatrix} \tag{11.52}
$$

また，**ひずみ-変位関係式**は，式(11.53)〜(11.55)のように与えられ，行列表記すると式(11.56)のように書くことができる．ここに，u は x 方向の変位，v は y 方向の変位を示す．

$$
\epsilon_{xx} = \frac{\partial u}{\partial x} \tag{11.53}
$$

$$
\epsilon_{yy} = \frac{\partial v}{\partial y} \tag{11.54}
$$

$$
\gamma_{xy} = \frac{\partial u}{\partial y} + \frac{\partial v}{\partial x} \tag{11.55}
$$

$$
\begin{Bmatrix} \epsilon_{xx} \\ \epsilon_{yy} \\ \gamma_{xy} \end{Bmatrix} = \begin{bmatrix} \partial/\partial x & 0 \\ 0 & \partial/\partial y \\ \partial/\partial y & \partial/\partial x \end{bmatrix} \begin{Bmatrix} u \\ v \end{Bmatrix} \tag{11.56}
$$

2次元領域の線形弾性体の変形解析を行う場合，上記に示したつり合い方程式，応力-ひずみ関係式，ひずみ-変位関係式を支配方程式とし，解析において定義した領域および境界条件のもと支配方程式を解くことになる．有限要素法に基づく式展開を行うために，図11.8に示すように領域 Ω およ

び境界 Γ を定義し，第一種境界 Γ_1 および第二種境界 Γ_2 における
境界条件は式(11.57)，(11.58)のように与える．式(11.57)，(11.58)
に示す $\widehat{u}$，$\widehat{v}$，$\widehat{t_x}$，$\widehat{t_y}$ の上付きのハットの記号は既知量を示す．ま
た，t_x，t_y は Γ_2 に加えた外力から生じた応力と定義する．

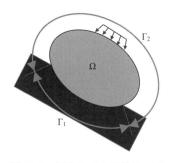

$$\begin{cases} u = \widehat{u} \\ v = \widehat{v} \end{cases} \quad \text{on} \quad \Gamma_1 \tag{11.57}$$

$$\begin{cases} t_x = \sigma_{xx}n_x + \tau_{xy}n_y = \widehat{t_x} \\ t_y = \tau_{xy}n_x + \sigma_{yy}n_y = \widehat{t_y} \end{cases} \quad \text{on} \quad \Gamma_2 \tag{11.58}$$

図 11.8　領域 Ω および境界 Γ の
定義（2 次元領域におけ
る線形弾性体の変形問題
の解析）

　ここより，上記に示した支配方程式に対する重み付き残差方程
式を誘導する．使用する要素としては，四角形の 4 節点のアイソ
パラメトリック要素を導入する．つり合い方程式（式(11.43)）に
対して重み関数 u^*，v^* を乗じて，要素領域 Ω_e において積分することにより，式(11.59)が得られ
る．式(11.59)においてベクトルおよび行列を掛けると式(11.60)のように書くことができる．

$$\int_{\Omega_e} \{u^* \quad v^*\} \begin{bmatrix} \partial/\partial x & 0 & \partial/\partial y \\ 0 & \partial/\partial y & \partial/\partial x \end{bmatrix} \begin{bmatrix} \sigma_{xx} \\ \sigma_{yy} \\ \tau_{xy} \end{bmatrix} d\Omega = 0 \tag{11.59}$$

$$\int_{\Omega_e} u^*(\sigma_{xx,x} + \tau_{xy,y}) + v^*(\tau_{xy,x} + \sigma_{yy,y}) d\Omega = 0 \tag{11.60}$$

　ここで，要素領域 Ω_e と要素領域の境界 Γ_e における関係式を導くために，式(11.60)に対して
Green の定理を適用する．Green の定理を適用すると，式(11.61)のように書くことができる．
$\left(\dfrac{dy}{d\Gamma}, \dfrac{dx}{d\Gamma}\right)$ は境界 Γ における外向きの**単位法線ベクトル**を表しているため $\left(\dfrac{dy}{d\Gamma}, \dfrac{dx}{d\Gamma}\right) = (n_x, n_y)$ と書き
改めると式(11.62)のようになる．

$$\int_{\Gamma_e} \left(u^* \sigma_{xx} \frac{dy}{d\Gamma} + u^* \tau_{xy} \frac{dx}{d\Gamma} + v^* \tau_{xy} \frac{dy}{d\Gamma} + v^* \sigma_{yy} \frac{dx}{d\Gamma}\right) d\Gamma$$
$$- \int_{\Omega_e} (u^*_{,x}\sigma_{xx} + u^*_{,y}\tau_{xy} + v^*_{,x}\tau_{xy} + v^*_{,y}\sigma_{yy}) d\Omega = 0 \tag{11.61}$$

$$\int_{\Gamma_e} (u^* \sigma_{xx}n_x + u^* \tau_{xy}n_y + v^* \tau_{xy}n_x + v^* \sigma_{yy}n_y) d\Gamma$$
$$- \int_{\Omega_e} (u^*_{,x}\sigma_{xx} + u^*_{,y}\tau_{xy} + v^*_{,x}\tau_{xy} + v^*_{,y}\sigma_{yy}) d\Omega = 0 \tag{11.62}$$

　式(11.62)を u^*，v^* で括ると式(11.63)のようになり，式(11.58)を用いて書き直すと式(11.64)の
ように書くことができる．

$$\int_{\Gamma_e} (u^*(\sigma_{xx}n_x + \tau_{xy}n_y) + v^*(\tau_{xy}n_x + \sigma_{yy}n_y)) d\Gamma$$
$$- \int_{\Omega_e} (u^*_{,x}\sigma_{xx} + u^*_{,y}\tau_{xy} + v^*_{,x}\tau_{xy} + v^*_{,y}\sigma_{yy}) d\Omega = 0 \tag{11.63}$$

$$\int_{\Gamma_e} (u^* t_x + v^* t_y) d\Gamma - \int_{\Omega_e} (u^*_{,x}\sigma_{xx} + u^*_{,y}\tau_{xy} + v^*_{,x}\tau_{xy} + v^*_{,y}\sigma_{yy}) d\Omega = 0 \tag{11.64}$$

式(11.64)を移項し式(11.65)のように書き替え，行列表記すると式(11.66)のように書くことができる．

$$\int_{\Omega_e} (u^*_{,x}\sigma_{xx}+u^*_{,y}\tau_{xy}+v^*_{,x}\tau_{xy}+v^*_{,y}\sigma_{yy})d\Omega = \int_{\Gamma_e}(u^*t_x+v^*t_y)d\Gamma \tag{11.65}$$

$$\int_{\Omega_e}\{u^* \quad v^*\}\begin{bmatrix}\partial/\partial x & 0 & \partial/\partial y \\ 0 & \partial/\partial y & \partial/\partial x\end{bmatrix}\begin{Bmatrix}\sigma_{xx}\\\sigma_{yy}\\\tau_{xy}\end{Bmatrix}d\Omega = \int_{\Gamma_e}\{u^* \quad v^*\}\begin{Bmatrix}t_x\\t_y\end{Bmatrix}d\Gamma \tag{11.66}$$

式(11.66)の応力成分により構成されたベクトルに，応力–ひずみ関係式（式(11.50)）を代入すると，式(11.67)のようになる．弾性係数行列については，数値計算を行う前に，平面応力状態あるいは平面ひずみ状態を決めた上で，Young率 E および Poisson比 ν を用いて具体的に数値を代入する．

$$\int_{\Omega_e}\{u^* \quad v^*\}\begin{bmatrix}\partial/\partial x & 0 & \partial/\partial y \\ 0 & \partial/\partial y & \partial/\partial x\end{bmatrix}\begin{bmatrix}D_{11} & D_{12} & D_{13}\\D_{21} & D_{22} & D_{23}\\D_{31} & D_{32} & D_{33}\end{bmatrix}\begin{Bmatrix}\epsilon_{xx}\\\epsilon_{yy}\\\gamma_{xy}\end{Bmatrix}d\Omega = \int_{\Gamma_e}\{u^* \quad v^*\}\begin{Bmatrix}t_x\\t_y\end{Bmatrix}d\Gamma \tag{11.67}$$

式(11.67)にひずみ–変位関係式（式(11.56)）を代入すると，式(11.68)のようになる．

$$\int_{\Omega_e}\{u^* \quad v^*\}\begin{bmatrix}\dfrac{\partial}{\partial x} & 0 & \dfrac{\partial}{\partial y} \\ 0 & \dfrac{\partial}{\partial y} & \dfrac{\partial}{\partial x}\end{bmatrix}\begin{bmatrix}D_{11} & D_{12} & D_{13}\\D_{21} & D_{22} & D_{23}\\D_{31} & D_{32} & D_{33}\end{bmatrix}\begin{bmatrix}\dfrac{\partial}{\partial x} & 0 \\ 0 & \dfrac{\partial}{\partial y} \\ \dfrac{\partial}{\partial y} & \dfrac{\partial}{\partial x}\end{bmatrix}\begin{Bmatrix}u\\v\end{Bmatrix}d\Omega = \int_{\Gamma_e}\{u^* \quad v^*\}\begin{Bmatrix}t_x\\t_y\end{Bmatrix}d\Gamma \tag{11.68}$$

また，以下，式展開の見通しが良いように式(11.69)のように記述する．式(11.69)の $\{U^*\}$, $[\partial]$, $[D]$, $\{U\}$, $\{T\}$ は式(11.70)～(11.74)に示すとおりである．

$$\int_{\Omega_e}\{U^*\}^T[\partial]^T[D][\partial]\{U\}d\Omega = \int_{\Gamma_e}\{U^*\}^T\{T\}d\Gamma \tag{11.69}$$

$$\{U^*\}=\begin{Bmatrix}u^*\\v^*\end{Bmatrix} \tag{11.70}$$

$$[\partial]=\begin{bmatrix}\dfrac{\partial}{\partial x} & 0 \\ 0 & \dfrac{\partial}{\partial y} \\ \dfrac{\partial}{\partial y} & \dfrac{\partial}{\partial x}\end{bmatrix} \tag{11.71}$$

$$[D]=\begin{bmatrix}D_{11} & D_{12} & D_{13}\\D_{21} & D_{22} & D_{23}\\D_{31} & D_{32} & D_{33}\end{bmatrix} \tag{11.72}$$

$$\{U\}=\begin{Bmatrix}u\\v\end{Bmatrix} \tag{11.73}$$

$$\{T\}=\begin{Bmatrix}t_x\\t_y\end{Bmatrix} \tag{11.74}$$

ここで，計算空間 (ξ,η) において，重み関数 u^*, v^*, 変位 u, v を式(11.75), (11.76)に示すよ

うに，補間関数（四角形の 4 節点のアイソパラメトリック要素を適用した場合の補間関数）により表す．式(11.75)，(11.76)における $N_1 \sim N_4$ は形状関数を示す．

$$\{U^*\} = \begin{Bmatrix} u^* \\ v^* \end{Bmatrix} = \begin{bmatrix} N_1 & 0 & N_2 & 0 & N_3 & 0 & N_4 & 0 \\ 0 & N_1 & 0 & N_2 & 0 & N_3 & 0 & N_4 \end{bmatrix} \begin{Bmatrix} u^*_1 \\ v^*_1 \\ u^*_2 \\ v^*_2 \\ u^*_3 \\ v^*_3 \\ u^*_4 \\ v^*_4 \end{Bmatrix} = [\Phi]\{X^*\} \tag{11.75}$$

$$\{U\} = \begin{Bmatrix} u \\ v \end{Bmatrix} = \begin{bmatrix} N_1 & 0 & N_2 & 0 & N_3 & 0 & N_4 & 0 \\ 0 & N_1 & 0 & N_2 & 0 & N_3 & 0 & N_4 \end{bmatrix} \begin{Bmatrix} u_1 \\ v_1 \\ u_2 \\ v_2 \\ u_3 \\ v_3 \\ u_4 \\ v_4 \end{Bmatrix} = [\Phi]\{X\} \tag{11.76}$$

式(11.75)，(11.76)を式(11.69)に代入すると，式(11.77)のように書くことができる．

$$\int_{\Omega_e} \{X^*\}^T [\Phi]^T [\partial]^T [D][\partial][\Phi]\{X\} d\Omega = \int_{\Gamma_e} \{X^*\}^T [\Phi]^T \{T\} d\Gamma \tag{11.77}$$

$[B] = [\partial][\Phi]$ とすると，式(11.78)のようになり，重み関数によるベクトル $\{X^*\}^T$ により括ることで，式(11.79)のように変形する．重み関数によるベクトル $\{X^*\}^T$ の任意性から，式(11.79)の括弧内は零ベクトルとなり，式(11.80)のように書くことができる．式(11.80)を移項すると，式(11.81)のように書くことができ，整理すると，式(11.82)のようになる．ここに，左辺の行列 $[K]$ および右辺のベクトル $\{F\}$ は式(11.83)，(11.84)のように与えられる．式(11.82)は 2 次元領域における線形弾性体の変形問題に対する**有限要素方程式**を示しており，各要素に対する有限要素方程式を重ね合わせることにより，全体領域における変位場を算定することができる．

$$\int_{\Omega_e} \{X^*\}^T [B]^T [D][B]\{X\} d\Omega = \int_{\Gamma_e} \{X^*\}^T [\Phi]^T \{T\} d\Gamma \tag{11.78}$$

$$\{X^*\}^T \left(\int_{\Omega_e} [B]^T [D][B] d\Omega \{X\} - \int_{\Gamma_e} [\Phi]^T \{T\} d\Gamma \right) = 0 \tag{11.79}$$

$$\int_{\Omega_e} [B]^T [D][B] d\Omega \{X\} - \int_{\Gamma_e} [\Phi]^T \{T\} d\Gamma = \{0\} \tag{11.80}$$

$$\int_{\Omega_e} [B]^T [D][B] d\Omega \{X\} = \int_{\Gamma_e} [\Phi]^T \{T\} d\Gamma \tag{11.81}$$

$$[K]\{X\} = \{F\} \tag{11.82}$$

$$[K] = \int_{\Omega_e} [B]^T [D][B] d\Omega \tag{11.83}$$

$$\{F\} = \int_{\Gamma_e} [\Phi]^T \{T\} d\Gamma \tag{11.84}$$

第12章

Fortran90/95・MATLAB による有限要素解析演習

本章では，Fortran90/95・MATLAB による有限要素解析演習について説明する.

12.1　2次元領域における定常熱伝導問題の有限要素解析に対する解析条件

2次元領域における定常熱伝導問題
の有限要素解析の数値計算プログラム
について紹介する．図 12.1 に解析モ
デルの境界条件および計算条件を示
す．図 12.1 に解析モデルの条件を元
に，節点 3, 4 における温度 T_3 および
T_4 を算定する.

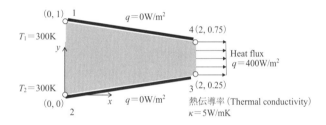

図 12.1　解析モデル図

12.2　Fortran90/95 による2次元領域における定常熱伝導問題の有限要素解析

本節では，Fortran90/95 による2次元領域における定常熱伝導問題の有限要素解析の数値計算プ
ログラムについて解説する．以下，プログラムの途中に解説を入れて説明する.

```
------------------------------------------------------------------
program steady_heat_transfer
!
    implicit double precision （a-h , o-z）
    parameter （md1=100, md2=100, md3=100）
!
! 各変数に対する配列の定義
! md1：節点数,　md2：要素数
! md3：第一種境界条件を与える節点数
!
    dimension xx（md1）, yy（md1）
    dimension ibu（md3）
    dimension tbu（md3）, uu0（md1）
```

```
      dimension uu2 （md1）
      dimension bb1 （md2）, bb2 （md2）, bb3 （md2）, bb4 （md2）
      dimension cc1 （md2）, cc2 （md2）, cc3 （md2）, cc4 （md2）
      dimension ie1 （md2）, ie2 （md2）, ie3 （md2）, ie4 （md2）
      dimension ak （md2）
      dimension fff （md1）
      dimension gzai （2）, eta （2）
      dimension wwwa （2）, wwwb （2）
!
      dimension   tt （md2）
      dimension iec1 （md2）, iec2 （md2）
      dimension   sh （md1,md1）
      dimension   detJ （md2）
!
! 解析に必要なデータの入出力に関する open 文
!
      open （10,file='mesh.dat'）
      open （11,file='input7.dat'）
      open （12,file='output7.dat'）
!
! 解析に必要なデータ入力について
!
      call indata &
      （ nx, mx, xx, yy, ie1, ie2, ie3, ie4, &
         ak, nbu, ibu, tbu, &
         tt, jmx, iec1, iec2 ）
!
! 有限要素方程式の係数行列の零クリア
!
      do i = 1,nx
      do j = 1,nx
         sh （i,j）  = 0.d0
      end do
      end do
!
! Gauss-Legendre 積分における積分点の座標の値
!
      gzai （1）  = -1.d0/dsqrt （3.d0）
      gzai （2）  = 1.d0/dsqrt （3.d0）
```

$$\kappa \sum_{i=1}^{N} \sum_{j=1}^{N} \left(W_i W_j \left[A(\xi_i, \eta_j) \right]^T \left[J(\xi_i, \eta_j)^{-1} \right]^T \left[J(\xi_i, \eta_j)^{-1} \right] \left[A(\xi_i, \eta_j) \right] | |J(\xi_i, \eta_j)| | \right) = [0]$$

表 12.1：積分点の位置と重み係数について
（4 つの積分点の場合）
```
      eta （1）  = -1.d0/dsqrt （3.d0）
      eta （2）  = 1.d0/dsqrt （3.d0）
```

```
!
! Gauss-Legendre 積分における重み係数の値
!
  wwwa （1） = 1.d0
  wwwa （2） = 1.d0
  wwwb （1） = 1.d0
  wwwb （2） = 1.d0
!
! ******************************************************
! 有限要素方程式の係数行列の作成
  do i = 1,2
    ggg = gzai （i）
    wwa = wwwa （i）
   do j = 1,2
    eee = eta （j）
    wwb = wwwb （j）
    call elmak &
      （ mx, xx, yy, ie1, ie2, ie3, ie4, &
        bb1, bb2, bb3, bb4, cc1, cc2, cc3, cc4, ggg, eee, detJ ）
!
    call leftm &
      （ mx, ie1, ie2, ie3, ie4, bb1, bb2, bb3, bb4, &
        cc1, cc2, cc3, cc4, ak, sh, md1, wwa, wwb, detJ ）
   end do
  end do
!
! ******************************************************
!
! 有限要素方程式の右辺ベクトルの零クリア
!
  do i = 1,nx
   fff （i）  = 0.d0
   end do
!
!----- Right hand side term （有限要素方程式の右辺ベクトルの計算）
! ※要素辺の長さを q に掛けて,
! 半分にしたものを辺上の両節点に分配している.
!
  do i = 1,jmx
   i1 = iec1 （i）
   i2 = iec2 （i）
   x1 = xx （i1）
   x2 = xx （i2）
```

表 12.1　積分点の位置と重み係数について（4つの積分点の場合）

積分点	(i,j)	ζ_i	η_j	w_i	w_j
①	$(1,1)$	$-1/\sqrt{3}$	$-1/\sqrt{3}$	1	1
②	$(1,2)$	$-1/\sqrt{3}$	$1/\sqrt{3}$	1	1
③	$(2,1)$	$1/\sqrt{3}$	$-1/\sqrt{3}$	1	1
④	$(2,2)$	$1/\sqrt{3}$	$1/\sqrt{3}$	1	1

$$\kappa\sum_{i=1}^{N}\sum_{j=1}^{N}\left(W_iW_j\left[A(\xi_i,\eta_j)\right]^T\left[J(\xi_i,\eta_j)^{-1}\right]^T\left[J(\xi_i,\eta_j)^{-1}\right]\left[A(\xi_i,\eta_j)\right]||J(\xi_i,\eta_j)||\right)$$

$$-\int_{\Gamma_e}\{N\}qd\Gamma$$

```
      y1 = yy (i1)
      y2 = yy (i2)
      tx = tt (i)
      abl = dsqrt ( (x2-x1) **2 + (y2-y1) **2 )
      fff (i1) = fff (i1) - abl * 0.5d0 * tx
      fff (i2) = fff (i2) - abl * 0.5d0 * tx
    end do
!
!----- Treatment of boundary condition  （境界条件の移項処理）
! ※重ね合わせ後の係数行列 sh に規定している境界条件の値を掛け，
! 右辺ベクトルから引く処理.
!
   do i = 1,nx
    uu0 (i) = 0.d0
   end do
!
   do i = 1,nbu
    ii = ibu (i)
    uu0 (ii) = tbu (i)
   end do
!
   do i = 1,nx
    do j = 1,nx
    fff (i) = fff (i) - sh (i,j) *uu0 (j)
    end do
   end do
!
!----------
! 有限要素方程式の解を算定  （※ Gauss の消去法を使用）
!
   call displ ( nx, fff, ibu, nbu, tbu, &
    sh, uu2, md1 )
!
! 解析結果（温度）の出力
!
   write (12,*) 'Nodal Number, Temperature (K) '
   do i = 1,nx
    write (12,*) i, uu2 (i)
   end do
!
end program steady_heat_transfer
!
!=========================================
```

```
subroutine indata &
      （ nx, mx, xx, yy, ie1, ie2, ie3, ie4, &
        ak, nbu, ibu, tbu, &
        tt, jmx, iec1, iec2 ）
!=========================================
!
  implicit double precision （ a-h , o-z ）
!
  dimension    xx （*） ,    yy （*）
  dimension ie1 （*） ,    ie2 （*） ,    ie3 （*） ,    ie4 （*）
  dimension  ibu （*） ,    tbu （*）
  dimension iec1 （*） ,    iec2 （*）
  dimension    ak （*）
  dimension    tt （*）
!
! nx, mx：総節点数および総要素数
! xx （i） , yy （i）：全節点における x,y 座標の値
! ie1 （i）〜ie4 （i）：各要素における頂点の節点番号
!
  read （10,*）    nx, mx
  read （10,*）    （ i,    xx （i） ,   yy （i） , j = 1,nx ）
  read （10,*）    （ i, ie1 （i） , ie2 （i） , ie3 （i） , ie4 （i） , j = 1,mx ）
!
! 全要素における熱伝導率 k の値の設定
!
  do im = 1,mx
   ak （im）  = 5.d0
  end do
!
! nbu：第一種境界条件を与える節点数
! ibu （i）：第一種境界条件を与える節点の節点番号
! tbu （i）：第一種境界条件を与える節点における温度の値
!
  read （11,' （a80） '）
  read （11,*）    nbu
  if （ nbu .ne. 0 ） then
   read （11,*）    （ ibu （i） , tbu （i） , i = 1,nbu ）
  end if
!
! jmx：第二種境界条件を与える要素辺の数
! iec1 （i） , iec2 （i）：第二種境界条件を与える節点の節点番号
! tt （i）：第二種境界条件を与える要素辺における熱流束の値
!
```

> nx, mx：総節点数および総要素数
> xx （i）, yy （i）：全節点における x, y 座標の値
> ie1 （i）〜ie4 （i）：各要素における頂点の節点番号

```
    read  (11,' (a80) ')
    read  (11,*)    jmx
    read  (11,*)    ( i, iec1 (i) , iec2 (i) , tt (i) , j = 1,jmx )
!
    end subroutine indata
!
!========================================
!
    subroutine elmak &
   ( mx, xx, yy, ie1, ie2, ie3, ie4, &
     bb1, bb2, bb3, bb4, cc1, cc2, cc3, cc4, ggg, eee, detJ )
!========================================
!
    implicit double precision  ( a-h , o-z )
!
    dimension   xx (*) ,  yy (*) , detJ (*)
    dimension ie1 (*) , ie2 (*) , ie3 (*) , ie4 (*)
    dimension bb1 (*) , bb2 (*) , bb3 (*) , bb4 (*)
    dimension cc1 (*) , cc2 (*) , cc3 (*) , cc4 (*)
!-----
    do im = 1,mx
!
     bb1 (im)  =  0.d0
     bb2 (im)  =  0.d0
     bb3 (im)  =  0.d0
     bb4 (im)  =  0.d0
!
     cc1 (im)  =  0.d0
     cc2 (im)  =  0.d0
     cc3 (im)  =  0.d0
     cc4 (im)  =  0.d0
    end do
!
    do im = 1,mx
!
     i1 = ie1 (im)
     i2 = ie2 (im)
     i3 = ie3 (im)
     i4 = ie4 (im)
!
! x1～x4, y1～y4：アイソパラメトリック要素の各頂点の座標値
!
     x1 = xx (i1)
```

> jmx：第二種境界条件を与える要素辺の数
> iec1 (i), iec2 (i)：第二種境界条件を与える節点の節点番号
> tt (i)：第二種境界条件を与える要素辺における熱流束の値

```
x2 = xx (i2)
x3 = xx (i3)
x4 = xx (i4)
y1 = yy (i1)
y2 = yy (i2)
y3 = yy (i3)
y4 = yy (i4)
```

$$\begin{bmatrix} x_1^e & y_1^e \\ x_2^e & y_2^e \\ x_3^e & y_3^e \\ x_4^e & y_4^e \end{bmatrix}$$

```
!
! 形状関数 N1～N4 の ξ, η に関する微分 (dN1/dξ～dN4/dη の計算)
!
   dN1dg=0.25d0* (eee-1.d0)
   dN2dg=0.25d0* (1.d0-eee)
   dN3dg=0.25d0* (1.d0 + eee)
   dN4dg=0.25d0* (-eee-1.d0)
!
   dN1de=0.25d0* (ggg-1.d0)
   dN2de=0.25d0* (-ggg-1.d0)
   dN3de=0.25d0* (1.d0 + ggg)
   dN4de=0.25d0* (1.d0-ggg)
!
! Jacobi 行列 [J] の各成分の計算
!
   ajac11 = dN1dg * x1 + dN2dg * x2 + dN3dg * x3 + dN4dg * x4
   ajac12 = dN1dg * y1 + dN2dg * y2 + dN3dg * y3 + dN4dg * y4
   ajac21 = dN1de * x1 + dN2de * x2 + dN3de * x3 + dN4de * x4
   ajac22 = dN1de * y1 + dN2de * y2 + dN3de * y3 + dN4de * y4
!
! Jacobi 行列の行列式 |J| の計算
!
   detJ (im)  = ajac11*ajac22 - ajac12*ajac21
!
! Jacobi 行列の逆行列 [J⁻¹] の各成分
!
   aijac11 = (1.d0/detJ (im)) *ajac22
   aijac12 = - (1.d0/detJ (im)) *ajac12
   aijac21 = - (1.d0/detJ (im)) *ajac21
   aijac22 = (1.d0/detJ (im)) *ajac11
!
! [J⁻¹] [A] の各成分の計算
!
   bb1 (im)  = aijac11*dN1dg + aijac12*dN1de
   bb2 (im)  = aijac11*dN2dg + aijac12*dN2de
   bb3 (im)  = aijac11*dN3dg + aijac12*dN3de
```

$$\begin{bmatrix} \dfrac{\partial N_1}{\partial \xi} & \dfrac{\partial N_2}{\partial \xi} & \dfrac{\partial N_3}{\partial \xi} & \dfrac{\partial N_4}{\partial \xi} \\ \dfrac{\partial N_1}{\partial \eta} & \dfrac{\partial N_2}{\partial \eta} & \dfrac{\partial N_3}{\partial \eta} & \dfrac{\partial N_4}{\partial \eta} \end{bmatrix} = \frac{1}{4}\begin{bmatrix} \eta-1 & 1-\eta & 1+\eta & -\eta-1 \\ \xi-1 & -\xi-1 & 1+\xi & 1-\xi \end{bmatrix}$$

$$[J]=\begin{bmatrix} J_{11} & J_{12} \\ J_{21} & J_{22} \end{bmatrix}=\begin{bmatrix} \dfrac{\partial x}{\partial \xi} & \dfrac{\partial y}{\partial \xi} \\ \dfrac{\partial y}{\partial \eta} & \dfrac{\partial y}{\partial \eta} \end{bmatrix}=\begin{bmatrix} \dfrac{\partial N_1}{\partial \xi} & \dfrac{\partial N_2}{\partial \xi} & \dfrac{\partial N_3}{\partial \xi} & \dfrac{\partial N_4}{\partial \xi} \\ \dfrac{\partial N_1}{\partial \eta} & \dfrac{\partial N_2}{\partial \eta} & \dfrac{\partial N_3}{\partial \eta} & \dfrac{\partial N_4}{\partial \eta} \end{bmatrix}\begin{bmatrix} x_1^e & y_1^e \\ x_2^e & y_2^e \\ x_3^e & y_3^e \\ x_4^e & y_4^e \end{bmatrix}$$

$$\det [J]=|J|=\frac{\partial x}{\partial \xi}\frac{\partial y}{\partial \eta}-\frac{\partial y}{\partial \xi}\frac{\partial y}{\partial \eta}$$

$$[J]^{-1}[A]=\begin{bmatrix} b_1 & b_2 & b_3 & b_4 \\ c_1 & c_2 & c_3 & c_4 \end{bmatrix}$$

```
   bb4（im）　= aijac11*dN4dg + aijac12*dN4de
!
   cc1（im）　= aijac21*dN1dg + aijac22*dN1de
   cc2（im）　= aijac21*dN2dg + aijac22*dN2de
   cc3（im）　= aijac21*dN3dg + aijac22*dN3de
   cc4（im）　= aijac21*dN4dg + aijac22*dN4de
!
   end do
!-----
!
   end subroutine elmak
!
!==========================================
   subroutine leftm &
          （ mx，ie1，ie2，ie3，ie4，bb1，bb2，bb3，bb4，&
          cc1，cc2，cc3，cc4，ak，sh，md1，wwa，wwb，detJ ）
!==========================================
!
   implicit double precision （ a-h，o-z ）
!
   dimension bb1（*），bb2（*），bb3（*），bb4（*）
   dimension cc1（*），cc2（*），cc3（*），cc4（*）
   dimension ie1（*），ie2（*），ie3（*），ie4（*）
   dimension ak（*），detJ（*）
   dimension sh（md1,md1）
   dimension amat（2,4），atmat（4,2），sm（4,4）
!
!-----
!
   do im = 1,mx
!
   i1 = ie1（im）
   i2 = ie2（im）
   i3 = ie3（im）
   i4 = ie4（im）
!
   b1 = bb1（im）
   b2 = bb2（im）
   b3 = bb3（im）
   b4 = bb4（im）
!
   c1 = cc1（im）
   c2 = cc2（im）
```

```
      c3 = cc3 (im)
      c4 = cc4 (im)
!
      do i = 1,2
        do j = 1,4
          amat (i,j)  = 0.d0
        end do
      end do
!
      do i = 1,4
        do j = 1,4
          sm (i,j)  = 0.d0
        end do
      end do
!-----
! amat(i,j)＝[J⁻¹][A] の各成分
!
      amat (1,1)  = b1
      amat (1,2)  = b2
      amat (1,3)  = b3
      amat (1,4)  = b4
!
      amat (2,1)  = c1
      amat (2,2)  = c2
      amat (2,3)  = c3
      amat (2,4)  = c4
!
! atmat (i,j)：amat (i,j) の転置行列の各成分
!
      do i = 1,4
        do j = 1,2
          atmat (i,j)  = amat (j,i)
        end do
        end do
!-----
! sm(i,j)＝ak(im)*atmat(i,k)*amat(k,j) の計算
!
      do i = 1,4
      do j = 1,4
      w = 0.d0
      do k = 1,2
      w = w + atmat (i,k)  * amat (k,j)
      end do
```

$$\text{amat}(i, j) = \begin{bmatrix} b_1 & b_2 & b_3 & b_4 \\ c_1 & c_2 & c_3 & c_4 \end{bmatrix}$$

$$\text{atmat}(i, j) = \begin{bmatrix} b_1 & c_1 \\ b_2 & c_2 \\ b_3 & c_3 \\ b_4 & c_4 \end{bmatrix}$$

$$\text{sm}(i, j) = ak(im) * atmat(i, k) * amat(k, j)$$

```
      sm (i,j)  = ak (im)  * w
    end do
  end do
```

!----- Superposition

! 各要素に対する有限要素方程式の係数行列の重ね合わせの計算

!

!

$$\kappa \sum_{i=1}^{N} \sum_{j=1}^{N} \left(W_i W_j \left[A(\xi_i, \eta_j) \right]^T \left[J(\xi_i, \eta_j)^{-1} \right]^T \left[J(\xi_i, \eta_j)^{-1} \right] \left[A(\xi_i, \eta_j) \right] \| J(\xi_i, \eta_j) \| \right)$$

!

```
    sh (i1,i1)  = sh (i1,i1)  + wwa * wwb * sm (1,1)  * dabs (detJ (im))
    sh (i1,i2)  = sh (i1,i2)  + wwa * wwb * sm (1,2)  * dabs (detJ (im))
    sh (i1,i3)  = sh (i1,i3)  + wwa * wwb * sm (1,3)  * dabs (detJ (im))
    sh (i1,i4)  = sh (i1,i4)  + wwa * wwb * sm (1,4)  * dabs (detJ (im))
!
    sh (i2,i1)  = sh (i2,i1)  + wwa * wwb * sm (2,1)  * dabs (detJ (im))
    sh (i2,i2)  = sh (i2,i2)  + wwa * wwb * sm (2,2)  * dabs (detJ (im))
    sh (i2,i3)  = sh (i2,i3)  + wwa * wwb * sm (2,3)  * dabs (detJ (im))
    sh (i2,i4)  = sh (i2,i4)  + wwa * wwb * sm (2,4)  * dabs (detJ (im))
!
    sh (i3,i1)  = sh (i3,i1)  + wwa * wwb * sm (3,1)  * dabs (detJ (im))
    sh (i3,i2)  = sh (i3,i2)  + wwa * wwb * sm (3,2)  * dabs (detJ (im))
    sh (i3,i3)  = sh (i3,i3)  + wwa * wwb * sm (3,3)  * dabs (detJ (im))
    sh (i3,i4)  = sh (i3,i4)  + wwa * wwb * sm (3,4)  * dabs (detJ (im))
!
    sh (i4,i1)  = sh (i4,i1)  + wwa * wwb * sm (4,1)  * dabs (detJ (im))
    sh (i4,i2)  = sh (i4,i2)  + wwa * wwb * sm (4,2)  * dabs (detJ (im))
    sh (i4,i3)  = sh (i4,i3)  + wwa * wwb * sm (4,3)  * dabs (detJ (im))
    sh (i4,i4)  = sh (i4,i4)  + wwa * wwb * sm (4,4)  * dabs (detJ (im))
!
  end do
!
  end subroutine leftm
!
!==========================================
  subroutine displ  ( nx, fff, ibu, nbu, tbu, &
                   sh, uu2, md1 )
!==========================================
!
  implicit double precision  ( a-h , o-z )
!
  dimension ibu (*) , tbu (*) , fff (*) , sh (md1,md1)
  dimension uu2 (*)
!
```

! 第一種境界条件を与える点の方程式は除外するため,

! 対象とする節点の対角成分には 1，非対角成分には 0 を入れる処理を行う．
!
```
  do i = 1,nbu
   ii = ibu（i）
     do j = 1,nx
      sh（ii,j） = 0.d0
      sh（j,ii） = 0.d0
   end do
   sh（ii,ii） = 1.d0
   end do
```
!
!-----
! Gauss 消去法による有限要素方程式の数値解の計算
!
```
  call sweep （ nx，sh，fff，md1 ）
```
!-----
! Gauss の消去法の計算を終えた時点で，結果は fff（i）のベクトルに格納されている．
! 第一種境界条件の温度をベクトル fff（i）の対応する節点に代入し，
! 最終的に結果を uu2（i）に格納する．
!
```
  do i = 1,nbu
     ii = ibu（i）
     fff（ii） = tbu（i）
     end do
```
!
```
  do i = 1,nx
     uu2（i） = fff（i）
     end do
```
!
```
  end subroutine displ
```
!
!==
```
  subroutine sweep （ nx, sh, fff, md1 ）
```
!==
!
```
  implicit double precision （ a-h , o-z ）
```
!
```
  dimension sh（md1,md1）, fff（md1）
```
! **
! 前進消去の計算
!
```
  do i = 1,nx
   aa = 1.d0 / sh（i,i）
```

```
   fff（i） = fff（i） * aa
   do j = 1,nx
    sh（i,j） = sh（i,j） * aa
   end do
    if（i-nx.lt.0）  then
   i1 = i + 1
   do k = i1,nx
    cc = sh（k,i）
    do j = i1,nx
   sh（k,j） = sh（k,j） - cc * sh（i,j）
    end do
   fff（k） = fff（k） - cc * fff（i）
    end do
    end if
    end do
!
! ***********************************************
! 後退代入の計算
!
   n1 = nx - 1
   do i = 1,n1
    j = nx - i
     do k = 1,i
      l = nx + 1 - k
      fff（j） = fff（j） - sh（j,l） * fff（l）
     end do
    end do
!
! ***********************************************
!
   end subroutine sweep
```

　　以下に，入力データ（input7.dat および mesh.dat），出力データ（output7.dat）を示す．

input7.dat（入力データ）
```
***** Boundary condition
  2
  1  300.00
  2  300.00
***** Heat flux
  1
  1  3  4  400.00000
```

mesh.dat（入力データ）
```
  4   1
  1   0.00000   1.00000
  2   0.00000   0.00000
  3   2.00000   0.25000
  4   2.00000   0.75000
  1  1  2  3  4
```
output7.dat（出力データ）
```
 Nodal Number, Temperature（K）
 1 300.0000000000000
 2 300.0000000000000
 3 193.3333333333334
 4 193.3333333333334
```

12.3　MATLABによる2次元領域における定常熱伝導問題の有限要素解析

　本節では，MATLABによる2次元領域における定常熱伝導問題の有限要素解析の数値計算プログラムについて解説する．以下，作業フォルダにsubroutineプログラムindata.m，elmak.m，leftm.m，displ.m，sweep.mを実装した本プログラムは以下になる．また，プログラムの途中に解説を入れて説明する．

```
>> %###############################################################
>> % program steady_heat_transfer
>> %###############################################################
>> clear all
>> % 解析データの出力について
>> output7 = fopen（'output7.dat', 'w'）;
>> % 解析に必要なデータ入力について
>> indata；
>> % 有限要素方程式の係数行列の零クリア
>> sh（nx, nx）= 0；
>> %Gauss-Legendre積分における積分点の座標の値
>> gzai = ［-1/sqrt（3）  1/sqrt（3）］;
>> eta = ［-1/sqrt（3）  1/sqrt（3）］;
>> %Gauss-Legendre積分における重み係数の値
>> wwwa = ［1 1］;
>> wwwb = ［1 1］;
>> % 有限要素方程式の係数行列の作成
>> for i = 1 : 2
     ggg = gzai（i）;
     wwa = wwwa（i）;
     for j = 1 : 2
```

表12.1　積分点の位置と重み係数について
（4つの積分点の場合）

積分点	(i, j)	ζ_i	η_j	w_i	w_j
①	(1,1)	$-1/\sqrt{3}$	$-1/\sqrt{3}$	1	1
②	(1,2)	$-1/\sqrt{3}$	$1/\sqrt{3}$	1	1
③	(2,1)	$1/\sqrt{3}$	$-1/\sqrt{3}$	1	1
④	(2,2)	$1/\sqrt{3}$	$1/\sqrt{3}$	1	1

```
    eee = eta (j) ;
    wwwb = wwwb (j) ;
    elmak ;
    leftm ;
    end
    end
```

$$\kappa \sum_{i=1}^{N} \sum_{j=1}^{N} \left(w_i w_j \left[A(\xi_i, \eta_j) \right]^T \left[J(\xi_i, \eta_j)^{-1} \right]^T \left[J(\xi_i, \eta_j)^{-1} \right] \left[A(\xi_i, \eta_j) \right] ||J(\xi_i, \eta_j)|| \right)$$

```
>> % 有限要素方程式の右辺ベクトルの零クリア
>> fff (nx) = 0 ;
>> %----- Right hand side term （有限要素方程式の右辺ベクトルの計算）
>> % ※要素辺の長さを q に掛けて，半分にしたものを辺上の両節点に分配している.
>> for i = 1：jmx
    i1 = iec1 (i) ;
    i2 = iec2 (i) ;
    x1 = xx (i1) ;
    x2 = xx (i2) ;
    y1 = yy (i1) ;
    y2 = yy (i2) ;
    tx = tt (i) ;
    abl = sqrt ((x2 − x1) ^2 + (y2 − y1) ^2 ) ;
    fff (i1) = fff (i1) − abl*0.5*tx ;
    fff (i2) = fff (i2) − abl*0.5*tx ;
    end
```

$$-\int_{\Gamma_e} \{N\} q d\Gamma$$

```
>> %----- Treatment of boundary condition （境界条件の移項処理）
>> % ※重ね合わせ後の係数行列 sh に規定している境界条件の値を掛け，右辺ベクトルから引く処理.
>> uu0 (nx) = 0 ;
>> for i = 1：nbu
    ii = ibu (i) ;
    uu0 (ii) = tbu (i) ;
    end
>> for i = 1：nx
    for j = 1：nx
    fff (i) = fff (i) − sh (i, j) *uu0 (j) ;
    end
    end
>> % 有限要素方程式の解を算定 （※ Gauss の消去法を使用）
>> displ
>> % 解析結果（温度）の出力
>> fprintf (output7, ' Nodal Number, Temperature (K) \n') ;
>> for i = 1：nx
    fprintf (output7, ' %d %17.13f\n', i, uu2 (i)) ;
    end
```

同じ作業フォルダに新規スクリプトで subroutine プログラム indata.m を作成して保存しておく.

ここで，入力データ（input7.dat と mesh.dat）は不規則のため，importdata コマンドを利用して入力データが読み取りにくい．GUI で「ホーム」に「データのインポート」から input7.dat と mesh.dat をインポートできるが，インポートのデータは table データから行列データに変更することが必要になる．

```matlab
%################################################################
% subroutine indata
%################################################################
% インポート オプションの設定による mesh.dat データのインポート
opt1 = delimitedTextImportOptions（"NumVariables", 5）;
% 範囲と区切り記号の指定
opt1.DataLines = ［1, Inf］;
opt1.Delimiter = " ";% スペースを区切り記号として設定
% 列名と型の指定
opt1.VariableNames = ［"VarName1", "VarName2", "VarName3", "VarName4", "VarName5"］;
opt1.VariableTypes = ［"double", "double", "double", "double", "double"］;
% ファイル レベルのプロパティを指定
opt1.ExtraColumnsRule = "ignore";
opt1.EmptyLineRule = "read";
opt1.ConsecutiveDelimitersRule = "join";
opt1.LeadingDelimitersRule = "ignore";
% データのインポート
meshtable = readtable（"mesh.dat", opt1）;
mesh = table2array（meshtable）;% table を行列データに変更
nx = mesh（1, 1）;% nx：総節点数
mx = mesh（1, 2）;% mx：総要素数
for j = 1：nx
xx（j） = mesh（j + 1, 2）;% j 節点における x 座標値
yy（j） = mesh（j + 1, 3）;% j 節点における y 座標値
end
for i = 1：mx
ie1（i） = mesh（nx + i + 1, 2）;% ie1（i）〜ie4（i）：各要素における頂点の節点番号
ie2（i） = mesh（nx + i + 1, 3）;
ie3（i） = mesh（nx + i + 1, 4）;
ie4（i） = mesh（nx + i + 1, 5）;
end
for im = 1：mx
ak（im） = 5;% 全要素における熱伝導率 k の値の設定
end
% インポート オプションの設定による input7.dat データのインポート
opt2 = delimitedTextImportOptions（"NumVariables", 4）;
% 範囲と区切り記号の指定
```

opt2.DataLines = ［1，Inf］；

opt2.Delimiter = " " ；

% 列名と型の指定

opt2.VariableNames = ［"VarName1"，"Boundary"，"condition"，"VarName4"］；

opt2.VariableTypes = ［"double"，"double"，"double"，"double"］；

% ファイル レベルのプロパティを指定

opt2.ExtraColumnsRule = "ignore" ；

opt2.EmptyLineRule = "read" ；

opt2.ConsecutiveDelimitersRule = "join" ；

opt2.LeadingDelimitersRule = "ignore" ；

% データのインポート

input7table = readtable（"input7.dat"，opt2）；

input7 = table2array（input7table）；

nbu = input7（2，1）；% nbu：第一種境界条件を与える節点数

if nbu ~= 0 % 「~=」は等しくないの記号

for i = 1：nbu

ibu（i）　= input7（i + 2，1）；% ibu（i）：第一種境界条件を与える節点の節点番号

tbu（i）　= input7（i + 2，2）；% tbu（i）：第一種境界条件を与える節点における温度の値

end

end

jmx = input7（nbu + 4，1）；% jmx：第二種境界条件を与える要素辺の数

for i = 1：jmx

iec1（i）　= input7（nbu + i + 4，2）；% iec1（i），iec2（i）：第二種境界条件を与える節点の節点番号

iec2（i）　= input7（nbu + i + 4，3）；

tt（i）　= input7（nbu + i + 4，4）；% ibu（i）：第二種境界条件を与える要素辺における熱流束の値

end

　同じ作業フォルダに新規スクリプトで subroutine プログラム elmak.m を作成して保存しておく.

```
%################################################################
% subroutine elmak
%################################################################
for im = 1：mx
%
bb1（im）　= 0；
bb2（im）　= 0；
bb3（im）　= 0；
bb4（im）　= 0；
%
cc1（im）　= 0；
cc2（im）　= 0；
cc3（im）　= 0；
cc4（im）　= 0；
```

```
end
%
for im = 1：mx
i1 = ie1（im）；
i2 = ie2（im）；
i3 = ie3（im）；
i4 = ie4（im）；
```

% $x_1 \sim x_4$, $y_1 \sim y_4$：アイソパラメトリック要素の各頂点の座標値

```
x1 = xx（i1）；
x2 = xx（i2）；
x3 = xx（i3）；
x4 = xx（i4）；
y1 = yy（i1）；
y2 = yy（i2）；
y3 = yy（i3）；
y4 = yy（i4）；
```

$$\begin{bmatrix} x_1^e & y_1^e \\ x_2^e & y_2^e \\ x_3^e & y_3^e \\ x_4^e & y_4^e \end{bmatrix}$$

% 形状関数 $N_1 \sim N_4$ の ξ, η に関する微分（$dN_1/d\xi \sim dN_4/d\eta$ の計算）

```
dN1dg = 0.25*（eee - 1）；
dN2dg = 0.25*（1 - eee）；
dN3dg = 0.25*（1 + eee）；
dN4dg = 0.25*（- eee - 1）；
%
```

$$\begin{bmatrix} \dfrac{\partial N_1}{\partial \xi} & \dfrac{\partial N_2}{\partial \xi} & \dfrac{\partial N_3}{\partial \xi} & \dfrac{\partial N_4}{\partial \xi} \\ \dfrac{\partial N_1}{\partial \eta} & \dfrac{\partial N_2}{\partial \eta} & \dfrac{\partial N_3}{\partial \eta} & \dfrac{\partial N_4}{\partial \eta} \end{bmatrix} = \frac{1}{4} \begin{bmatrix} \eta-1 & 1-\eta & 1+\eta & -\eta-1 \\ \xi-1 & -\xi-1 & 1+\xi & 1-\xi \end{bmatrix}$$

```
dN1de = 0.25*（ggg - 1）；
dN2de = 0.25*（- ggg - 1）；
dN3de = 0.25*（1 + ggg）；
dN4de = 0.25*（1 - ggg）；
```

% Jacobi 行列 $[J]$ の各成分の計算

$$[J] = \begin{bmatrix} J_{11} & J_{12} \\ J_{21} & J_{22} \end{bmatrix} = \begin{bmatrix} \dfrac{\partial x}{\partial \xi} & \dfrac{\partial y}{\partial \xi} \\ \dfrac{\partial y}{\partial \eta} & \dfrac{\partial y}{\partial \eta} \end{bmatrix} = \begin{bmatrix} \dfrac{\partial N_1}{\partial \xi} & \dfrac{\partial N_2}{\partial \xi} & \dfrac{\partial N_3}{\partial \xi} & \dfrac{\partial N_4}{\partial \xi} \\ \dfrac{\partial N_1}{\partial \eta} & \dfrac{\partial N_2}{\partial \eta} & \dfrac{\partial N_3}{\partial \eta} & \dfrac{\partial N_4}{\partial \eta} \end{bmatrix} \begin{bmatrix} x_1^e & y_1^e \\ x_2^e & y_2^e \\ x_3^e & y_3^e \\ x_4^e & y_4^e \end{bmatrix}$$

```
ajac11 = dN1dg*x1 + dN2dg*x2 + dN3dg*x3 + dN4dg*x4；
ajac12 = dN1dg*y1 + dN2dg*y2 + dN3dg*y3 + dN4dg*y4；
ajac21 = dN1de*x1 + dN2de*x2 + dN3de*x3 + dN4de*x4；
ajac22 = dN1de*y1 + dN2de*y2 + dN3de*y3 + dN4de*y4；
```

% Jacobi 行列の行列式 $|J|$ の計算

```
detJ（im）  = ajac11*ajac22 - ajac12*ajac21；
```

$$\det[J] = |J| = \frac{\partial x}{\partial \xi} \frac{\partial y}{\partial \eta} - \frac{\partial y}{\partial \xi} \frac{\partial y}{\partial \eta}$$

%Jacobi 行列の逆行列 $[J^{-1}]$ の各成分

```
aijac11 = （1/detJ（im））*ajac22；
aijac12 = -（1/detJ（im））*ajac12；
aijac21 = -（1/detJ（im））*ajac21；
aijac22 = （1/detJ（im））*ajac11；
```

% $[J^{-1}][A]$ の各成分の計算

$$[J]^{-1}[A] = \begin{bmatrix} b_1 & b_2 & b_3 & b_4 \\ c_1 & c_2 & c_3 & c_4 \end{bmatrix}$$

```
bb1（im）  = aijac11*dN1dg + aijac12*dN1de；
bb2（im）  = aijac11*dN2dg + aijac12*dN2de；
bb3（im）  = aijac11*dN3dg + aijac12*dN3de；
bb4（im）  = aijac11*dN4dg + aijac12*dN4de；
```

```
%
cc1（im）　= aijac21*dN1dg + aijac22*dN1de；
cc2（im）　= aijac21*dN2dg + aijac22*dN2de；
cc3（im）　= aijac21*dN3dg + aijac22*dN3de；
cc4（im）　= aijac21*dN4dg + aijac22*dN4de；
end
```

　同じ作業フォルダに新規スクリプトで subroutine プログラム leftm.m を作成して保存しておく.

```
%################################################################
% subroutine leftm
%################################################################
for im = 1：mx
i1 = ie1（im）；
i2 = ie2（im）；
i3 = ie3（im）；
i4 = ie4（im）；
%
b1 = bb1（im）；
b2 = bb2（im）；
b3 = bb3（im）；
b4 = bb4（im）；
%
c1 = cc1（im）；
c2 = cc2（im）；
c3 = cc3（im）；
c4 = cc4（im）；
%
amat（2，4）　= 0；
sm（4，4）　= 0；
% amat(i, j)＝[J⁻¹][A] の各成分
amat =　[b1 b2 b3 b4；c1 c2 c3 c4]；
% atmat（i, j）：amat（i, j）の転置行列の各成分
atmat= amat.'；
% sm(i, j)＝ak(im)*atmat(i, k)*amat(k, j) の計算
for i = 1：4
for j = 1：4
w = 0；
for k = 1：2
w = w + atmat（i, k）*amat（k, j）；
end
sm（i, j）　= ak（im）*w；
end
```

$$\mathrm{amat}(i, j) = \begin{bmatrix} b_1 & b_2 & b_3 & b_4 \\ c_1 & c_2 & c_3 & c_4 \end{bmatrix}$$

$$\mathrm{atmat}(i, j) = \begin{bmatrix} b_1 & c_1 \\ b_2 & c_2 \\ b_3 & c_3 \\ b_4 & c_4 \end{bmatrix}$$

```
end
% Superposition
% 各要素に対する有限要素方程式の係数行列の重ね合わせの計算
%
%
%
```

$$\kappa\sum_{i=1}^{N}\sum_{j=1}^{N}\Bigl(w_iw_j\,[A(\xi_i,\eta_j)]^T\bigl[J(\xi_i,\eta_j)^{-1}\bigr]^T\bigl[J(\xi_i,\eta_j)^{-1}\bigr]\,[A(\xi_i,\eta_j)]\,\|J(\xi_i,\eta_j)\|\Bigr)$$

```
sh (i1, i1)  = sh (i1, i1)  + wwa*wwb*sm (1, 1) *abs (detJ (im)) ;
sh (i1, i2)  = sh (i1, i2)  + wwa*wwb*sm (1, 2) *abs (detJ (im)) ;
sh (i1, i3)  = sh (i1, i3)  + wwa*wwb*sm (1, 3) *abs (detJ (im)) ;
sh (i1, i4)  = sh (i1, i4)  + wwa*wwb*sm (1, 4) *abs (detJ (im)) ;
%
sh (i2, i1)  = sh (i2, i1)  + wwa*wwb*sm (2, 1) *abs (detJ (im)) ;
sh (i2, i2)  = sh (i2, i2)  + wwa*wwb*sm (2, 2) *abs (detJ (im)) ;
sh (i2, i3)  = sh (i2, i3)  + wwa*wwb*sm (2, 3) *abs (detJ (im)) ;
sh (i2, i4)  = sh (i2, i4)  + wwa*wwb*sm (2, 4) *abs (detJ (im)) ;
%
sh (i3, i1)  = sh (i3, i1)  + wwa*wwb*sm (3, 1) *abs (detJ (im)) ;
sh (i3, i2)  = sh (i3, i2)  + wwa*wwb*sm (3, 2) *abs (detJ (im)) ;
sh (i3, i3)  = sh (i3, i3)  + wwa*wwb*sm (3, 3) *abs (detJ (im)) ;
sh (i3, i4)  = sh (i3, i4)  + wwa*wwb*sm (3, 4) *abs (detJ (im)) ;
%
sh (i4, i1)  = sh (i4, i1)  + wwa*wwb*sm (4, 1) *abs (detJ (im)) ;
sh (i4, i2)  = sh (i4, i2)  + wwa*wwb*sm (4, 2) *abs (detJ (im)) ;
sh (i4, i3)  = sh (i4, i3)  + wwa*wwb*sm (4, 3) *abs (detJ (im)) ;
sh (i4, i4)  = sh (i4, i4)  + wwa*wwb*sm (4, 4) *abs (detJ (im)) ;
%
end
```

同じ作業フォルダに新規スクリプトで sweep.m を実装した subroutine プログラム displ.m を作成して保存しておく.

```
%###############################################################
% subroutine displ
%###############################################################
% 第一種境界条件を与える点の方程式は除外するため，対象とする節点の対角成分には1,
% 非対角成分には0を入れる処理を行う.
for i = 1：nbu
ii = ibu (i) ;
for j = 1：nx
sh (ii, j)  = 0 ;
sh (j, ii)  = 0 ;
end
sh (ii, ii)  = 1 ;
```

```
end
```

%Gauss の消去法による有限要素方程式の数値解の計算

```
sweep；
```

%Gauss の消去法の計算を終えた時点で，結果は fff（i）のベクトルに格納されている．

% 第一種境界条件の温度をベクトル fff（i）の対応する節点に代入する．

% 最終的に結果を uu2（i）に格納する．

```
for i= 1：nbu
ii = ibu（i）；
fff（ii）　= tbu（i）；
end
%
for i = 1：nx
uu2（i）　= fff（i）；
end
```

　　同じ作業フォルダに新規スクリプトで下記の subroutine プログラム sweep.m を作成して保存しておく．

```
%################################################################
% subroutine sweep
%################################################################
% 前進消去の計算
for i = 1：nx
aa = 1/sh（i, i）；
fff（i）　= fff（i）*aa；
for j = 1：nx
sh（i, j）　= sh　（i, j）*aa；
end
if i − nx <= 0
i1 = i + 1；
for k = i1：nx
cc = sh（k, i）；
for j = i1：nx
sh（k, j）　= sh（k, j）− cc*sh（i, j）；
end
fff（k）　= fff（k）− cc*fff（i）；
end
end
end
% 後退代入の計算
n1 = nx − 1；
for i = 1：n1
j = nx − i；
```

```
for k = 1：i
l = nx + 1 - k；
fff（j） = fff（j） - sh（j, l）*fff（l）；
end
end
```

以下に，入力データ（input7.dat および mesh.dat），出力データ（output7.dat）を示す．

input7.dat（入力データ）
```
***** Boundary condition
 2
 1   300.00
 2   300.00
***** Heat flux
 1
 1   3   4   400.00000
```

mesh.dat（入力データ）
```
 4   1
 1   0.00000   1.00000
 2   0.00000   0.00000
 3   2.00000   0.25000
 4   2.00000   0.75000
 1   1   2   3   4
```

output7.dat（出力データ）
```
 Nodal Number, Temperature（K）
1 300.0000000000000
2 300.0000000000000
3 193.3333333333334
4 193.3333333333334
```

練 習 問 題

図 12.2 に示す解析モデルに対して，定常の温度場の解析を行う．12.2 節，12.3 節のプログラムを参考に，

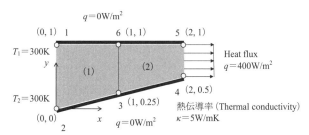

図 12.2　解析モデル図

計算条件を変更し，有限要素解析を実施しなさい.

参 考 文 献

・竹内　則雄，樫山　和男，寺田　賢二郎：計算力学第 2 版 有限要素法の基礎，森北出版，2003.

・Jacob Fish（著），Ted Belytschko（著），山田　貴博（翻訳），永井　学志（翻訳），松井　和己（翻訳）：有限要素法 ABAQUS Student Edition 付，丸善出版，2008.

第13章

最適設計の基礎

　本章では，最適設計の基礎として，**逆解析**の内容について解説する．一般に力学モデルの数値計算においては，入力値となる物性値や外力を与えることで，出力値である変形量の算定が行われる．これを順解析と呼び，前章まででは，**順解析**に関する説明を行ってきた．逆解析とは，出力の値をある**目標値**になるように入力値を算定する逆算をするものであり，計算モデルが単純であれば逆算により計算をできるが，一般には，反復計算により入力値の算定が行われる．本章では，簡単な力学モデルを導入し，逆解析の計算の流れについて説明をする．

13.1　Lagrange 関数の停留条件および最急降下法

　図 13.1 に示す軸方向の変形モデルを取り扱う．ここに，E は Young 率，A は断面積，L は部材の長さ，u は変位，f は外力である．ここでは，断面積 A，部材の長さ L，外力 f は既定されており，変形の目標値 u_{target} になるような Young 率 E を算定する問題を考える．この問題であれば，逆算により，Young 率 E を算定することはできるが，一般にこの類の問題は，反復計算により行われる．ここでは，反復計算法として最急降下法を適用し，説明を行う．

　このような問題は，**逆問題**と呼ばれる．逆問題を定式化する方法はさまざまあるが，ここでは，**随伴変数法**による定式化を行う．まず，

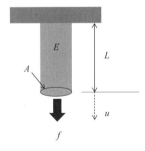

図 13.1　軸方向の変形問題のモデル図

式(13.1)に示す関数を定義する．この関数は，**評価関数**と呼ばれ，この関数が最小となる Young 率 E の算定を行う．Young 率 E を更新しながら変位 u を計算し，その変位 u を用いて評価関数を計算する．変位 u が変位の目標値 u_{target} に近づく度に，評価関数の値は徐々に小さくなり，評価関数の値が最小となったときの Young 率 E を最適値とするものである．

$$J = \frac{1}{2}(u - u_{target})^2 = \frac{1}{2}(u^2 - 2uu_{target} + u_{target}^2) \tag{13.1}$$

　次に，評価関数 J における変位 u を計算する式を考える．力 f は垂直応力 σ および断面積 A により式(13.2)のように書くことができる．また，垂直応力 σ は，Young 率 E および垂直ひずみ ϵ との関係（**Hooke の法則**）より式(13.3)のように書くことができ，垂直ひずみは変位 u と部材長さ L に

より式(13.4)のように与えられる．式(13.4)を式(13.3)に代入し，得られた式を式(13.2) に代入すると，式(13.5)が得られる．

$$f = \sigma A \tag{13.2}$$

$$\sigma = E\epsilon \tag{13.3}$$

$$\epsilon = \frac{u}{L} \tag{13.4}$$

$$f = \frac{EA}{L}u \tag{13.5}$$

　式(13.1)の変位 u は，式(13.5)の条件により与えられるため，式(13.1)の**制約条件**として式(13.5)を考慮する必要がある．一般に，制約条件付きの関数の最小化には，随伴変数法（**Lagrangeの未定乗数法**）が用いられ，随伴変数（Lagrange の未定乗数）λ を導入することにより，式(13.1)，式(13.5)は，式(13.6)のように書き替えられる．式(13.6)は Lagrange 関数（**拡張評価関数**）と呼ばれ，式(13.6)内の随伴変数 λ が乗じられた項は零であることから，式(13.6)の最小化と，式(13.1)の最小化は等価となる．Lagrange 関数 J^*（式(13.6)）の評価関数 J の詳細を書くと，式(13.7)のようになり，式(13.7)に対する停留条件を誘導することにより，式(13.7)を最小とする条件式が得られる．

$$J^* = J + \lambda\left(f - \frac{EA}{L}u\right) \tag{13.6}$$

$$J^* = \frac{1}{2}(u^2 - 2uu_{target} + u_{target}^2) + \lambda\left(f - \frac{EA}{L}u\right) \tag{13.7}$$

　式(13.7)に対する停留条件は，式(13.7)の**第一変分**が零（$\delta J^* = 0$）となることにより導かれる．Lagrange 関数 J^* の第一変分は，Lagrange 関数 J^* を構成する各変数に対する微分と変分量の積の和により表され，式(13.8)のようになる．

$$\delta J^* = \frac{\partial J^*}{\partial u}\delta u + \frac{\partial J^*}{\partial u_{target}}\delta u_{target} + \frac{\partial J^*}{\partial \lambda}\delta \lambda + \frac{\partial J^*}{\partial f}\delta f + \frac{\partial J^*}{\partial E}\delta E + \frac{\partial J^*}{\partial A}\delta A + \frac{\partial J^*}{\partial L}\delta L = 0 \tag{13.8}$$

　既知量として与えている変数に対する変分量は零となり，本節では，未知量は u，λ，E，既知量は，外力 f，断面積 A，部材長さ L であることから，既知量に関する δf，δA，δL は零となる．これに対して，未知量に関する変分の値は零で無い（**設計変数** E が変わることにより変位 u，随伴変数 λ は変わるため，δE，δu，$\delta \lambda$ は零で無い）ことから，Lagrange 関数 J^* の停留条件（$\delta J^* = 0$）を満たすためには，Lagrange 関数 J^* の未知量 λ，u，E に対する微分が零となる必要がある．そのため，$\dfrac{\partial J^*}{\partial \lambda}$，$\dfrac{\partial J^*}{\partial u}$，$\dfrac{\partial J^*}{\partial E}$ の式を誘導すると，式(13.9)〜(13.11)のようになる．

$$\frac{\partial J^*}{\partial \lambda} = f - \frac{EA}{L}u = 0 \tag{13.9}$$

$$\frac{\partial J^*}{\partial u} = (u - u_{target}) - \frac{EA}{L}\lambda = 0 \tag{13.10}$$

$$\frac{\partial J^*}{\partial E} = -\frac{A}{L}\lambda u = 0 \tag{13.11}$$

　式(13.9)は，制約条件式（式(13.5)）であり，式(13.10)は随伴変数λの方程式として随伴方程式と呼ばれる．式(13.11)は Lagrange 関数 J^* の Young 率 E に対する勾配を示しており，この計算式を用いて Young 率 E を更新することになる．Young 率 E を仮定することにより，式(13.9)を解くことができ，算定された u を用いて式(13.10)を解き随伴変数 λ が求められる．式(13.9)，(13.10)により算定された変位 u，随伴変数 λ を用いることにより，Lagrange 関数 J^* の Young 率 E に対する勾配（式(13.11)）を解くことができる．ここで注意が必要なことは，最初に設定した Young 率 E は仮定した値であるため，変位 u が変位の目標値 u_{target} に一致しているとは限らない．一般には，ある程度は正解となる Young 率 E は予想しているものの，正解値となる Young 率 E は不明なため，Young 率 E を更新しながら，評価関数 J を最小とする最適な Young 率 E を算定することになる．ここで，逆問題において算定する変数を更新する方法として最急降下法について説明する．最急降下法では，Lagrange 関数 J^* の Young 率 E に対する勾配を用いて，式(13.12)により更新される．

$$E^{(l+1)}=E^{(l)}-\alpha\frac{\partial J^{*(l)}}{\partial E} \tag{13.12}$$

　ここに，式(13.12)に示すパラメータ α は**ステップ長さ**と呼ばれ，ここでは Young 率 E を更新する量を調節するために設定されるパラメータであり，一般に小さな正の定数を設定する．また，l は反復回数を示している．計算の流れは，図13.2のように書くことができる．収束の判定の方法もさまざまあるが，ここでは，各反復回数における評価関数 J の値の差の絶対値が収束判定定数 ε より小さくなった場合に計算が終了するとする．この計算により，評価関数は少しずつ小さくなっていく計算が行われ，変位 u は変位の目標値 u_{target} は近づいていくことになる．そのため，図13.2のステップ3に示す**随伴方程式**を解くことで得られる随伴変数 λ の値は小さくなっていくことになる．よっ

1. 計算条件（以下の変数）の設定
　$A, L, f, E^{(0)}, (l)=(0), \varepsilon$

2. 支配方程式の計算および評価関数 J の計算

$$\frac{E^{(l)}A}{L}u^{(l)}=f \quad\Longrightarrow\quad \left|J^{(l+1)}-J^{(l)}\right|<\varepsilon$$ の場合，計算終了
そうでない場合は，ステップ3へ進む

3. 随伴変数の方程式（随伴方程式）の計算

$$\frac{E^{(l)}A}{L}\lambda^{(l)}=u^{(l)}-u_{target}$$

4. Lagrange関数のYoung率に対する勾配の計算

$$\frac{\partial J^{*(l)}}{\partial E}=-\frac{A}{L}\lambda^{(l)}u^{(l)}$$

5. Lagrange関数のYoung率に対する勾配の計算，反復回数 l の更新

$$E^{(l+1)}=E^{(l)}-\alpha\frac{\partial J^{*(l)}}{\partial E}$$

図13.2　最急降下法による Young 率 E の同定問題に対する計算の流れ

て，図13.2のステップ4において計算される Lagrange 関数 J^* の Young 率 E に対する勾配は少しずつ小さくなっていくことになり，結果として，$E^{(l)}$ と $E^{(l+1)}$ の差は少しずつ小さくなっていくことになり，最終的に変位 u は変位の目標値 u_{target} に近づく最適な Young 率 E が算定される．

ここで，Lagrange 関数 J^* の Young 率 E に対する勾配が小さくなると計算は終了してしまうということにも注意が必要である．最初に設定した Young 率 $E^{(0)}$ が適切でない場合，変位 u は変位の目標値 u_{target} に十分近づかずに計算が終了することもある．最初に設定した Young 率 $E^{(0)}$ に依存しない解法が望ましいが，問題設定によっては，初期設定値に依存し，適切に設計変数（ここでは Young 率 E）の最適値が得られない場合もあることを気に留めておく必要がある．

13.2 設計変数の更新式に対する Newton-Raphson 法の適用

前節では，最急降下法による設計変数の算定法について述べたが，本節では，Newton-Raphson 法に基づく設計変数の更新方法について説明する．ここでは，図13.1に示す計算モデルとは同様であるが，仕事（外力 f と変位量 u の積）を評価関数，また設計変数として断面積 A を設定し，仕事を最小にする断面積 A の値を算定する問題を考える．この問題設定では，変位量 u を小さくするために断面積 A が大きくなり続け，最適解となる断面積 A を算定することはできない．そのため，断面積 A が大きくなることにより評価関数が上がる項も加え，評価関数を定義する．ここでは，評価関数を式(13.13)のように定義し，外力 f は式(13.5)により与えられるため，代入して整理する．評価関数は2乗形式により定義し，微分した際に係数が相殺するように，各項の前に 1/2 を乗じることにする．ここに E は Young 率，L は部材長さを示す．ここに示す評価関数の各項は単位の異なるものであるため，実際には両方の値を足すことはできない．そのため，それぞれの項の前に係数1が乗じられているとし，その単位は各項の逆数の単位（第1項はエネルギーの単位の逆数の単位，第2項は面積の2乗の逆数の単位）であることに注意する．このため，単位が無く無次元の値を足していることになる．

$$J = \frac{1}{2}fu + \frac{1}{2}A^2 = \frac{1}{2} \times \frac{EA}{L}u \times u + \frac{1}{2}A^2 = \frac{EAu^2}{2L} + \frac{1}{2}A^2 \tag{13.13}$$

前節と同様に，評価関数の最小化の計算に，式(13.5)に示す制約条件式を考慮すると，式(13.14)に示す Lagrange 関数 J^* が得られる．ここに λ は随伴変数を示す．

$$J^* = J + \lambda\left(f - \frac{EA}{L}u\right) = \frac{EAu^2}{2L} + \frac{1}{2}A^2 + \lambda\left(f - \frac{EA}{L}u\right) \tag{13.14}$$

Lagrange 関数 J^* の第一変分が零となる式を誘導すると，式(13.15)～(13.17)が得られる．式(13.16)は随伴方程式を示すが，得られた式より $\lambda = u$ という式であることがわかる．この関係は**自己随伴関係**と呼ばれ，支配方程式である式(13.15)を解くことで得られる変位の値 u により随伴変数の値 λ を表されるため，随伴方程式を解く必要が無いことを表している．よって，式(13.17)の Lagrange 関数 J^* の断面積 A に対する勾配の式の随伴変数 λ には変位 u と同じ値が入ることになる．

$$\frac{\partial J^*}{\partial \lambda} = f - \frac{EA}{L}u = 0 \tag{13.15}$$

$$\frac{\partial J^*}{\partial u} = \frac{EA}{L}u - \frac{EA}{L}\lambda = 0 \tag{13.16}$$

$$\frac{\partial J^*}{\partial A} = \frac{Eu^2}{2L} + A - \frac{E}{L}\lambda u = 0 \tag{13.17}$$

ここで，Newton-Raphson 法に基づく設計変数の更新式を誘導するために，Lagrange 関数の断面積 A に対する勾配に関する Taylor 展開を考える．ここに l は反復回数を示す．

$$\frac{\partial J^{*(l+1)}}{\partial A} = \frac{\partial J^{*(l)}}{\partial A} + \Delta A \frac{\partial}{\partial A}\left(\frac{\partial J^{*(l)}}{\partial A}\right) + \frac{\Delta A^2}{2!}\frac{\partial^2}{\partial A^2}\left(\frac{\partial J^{*(l)}}{\partial A}\right) + \frac{\Delta A^3}{3!}\frac{\partial^3}{\partial A^3}\left(\frac{\partial J^{*(l)}}{\partial A}\right) + \cdots \tag{13.18}$$

式(13.18)の右辺第 3 項以降は微小とし無視をすると，式(13.18)は式(13.19)のように書くことができる．

$$\frac{\partial J^{*(l+1)}}{\partial A} = \frac{\partial J^{*(l)}}{\partial A} + \Delta A \frac{\partial}{\partial A}\left(\frac{\partial J^{*(l)}}{\partial A}\right) \tag{13.19}$$

最終的に停留条件を満たすならば，Lagrange 関数の断面積 A に対する勾配も零になるため，反復回数 $l+1$ における Lagrange 関数 J^* の断面積 A に対する勾配（式(13.19)の左辺）が零になることを考えると，式(13.20)が得られる．

$$0 = \frac{\partial J^{*(l)}}{\partial A} + \Delta A \frac{\partial}{\partial A}\left(\frac{\partial J^{*(l)}}{\partial A}\right) \tag{13.20}$$

式(13.20)を変形すると式(13.21)のようになり，断面積の変化量 ΔA との等式を誘導すると，式(13.22)のようになる．

$$\frac{\partial}{\partial A}\left(\frac{\partial J^{*(l)}}{\partial A}\right)\Delta A = -\frac{\partial J^{*(l)}}{\partial A} \tag{13.21}$$

$$\Delta A = -\left(\frac{\partial}{\partial A}\left(\frac{\partial J^{*(l)}}{\partial A}\right)\right)^{-1}\frac{\partial J^{*(l)}}{\partial A} \tag{13.22}$$

設計変数である断面積 A は断面積の変化量 ΔA により更新されるため，$A^{(l+1)}$ を $A^{(l)}$ と ΔA の和により表す．断面積の変化量 ΔA を式(13.22)により表すと式(13.23)のようになり，式(13.23)が Newton-Raphson 法による設計変数の更新式となる．

$$A^{(l+1)} = A^{(l)} + \Delta A = A^{(l)} - \left(\frac{\partial}{\partial A}\left(\frac{\partial J^{*(l)}}{\partial A}\right)\right)^{-1}\frac{\partial J^{*(l)}}{\partial A} \tag{13.23}$$

式(13.23)における Lagrange 関数 J^* の断面積 A に対する二階微分を具体的に計算すると，式(13.24)のようになる．

$$\frac{\partial}{\partial A}\left(\frac{\partial J^*}{\partial A}\right) = \frac{\partial^2 J^*}{\partial A^2} = \frac{\partial}{\partial A}\left(\frac{\partial}{\partial A}\left(\frac{Lf^2}{2EA} + \frac{A^2}{2} + \lambda\left(f - \frac{EA}{L}u\right)\right)\right)$$

$$= \frac{\partial}{\partial A}\left(-\frac{Lf^2}{2EA^2} + A + \lambda\left(-\frac{E}{L}u\right)\right) = \frac{Lf^2}{EA^3} + 1 \tag{13.24}$$

また，Lagrange 関数 J^* の断面積 A に対する一階微分は式(13.17)であることから，式(13.23)は，最終的に式(13.25)のように書くことができる．今回，設計変数は 1 つであることから，式(13.23)における $\left(\frac{\partial}{\partial A}\left(\frac{\partial J^{*(l)}}{\partial A}\right)\right)^{-1}$ は逆数を取るだけで良かったが，設計変数が 2 変数以上になった場合は，逆

行列を解く必要がある.

$$A^{(l+1)} = A^{(l)} + \Delta A = A^{(l)} - \left(\frac{\partial}{\partial A} \left(\frac{\partial J^{*(l)}}{\partial A} \right) \right)^{-1} \frac{\partial J^{*(l)}}{\partial A} = A^{(l)} - \frac{\dfrac{Eu^{(l)^2}}{2L} + A^{(l)} - \dfrac{E}{L}\lambda^{(l)}u^{(l)}}{\dfrac{Lf^2}{EA^{(l)^3}} + 1} \tag{13.25}$$

ここに，Newton-Raphson 法に基づく逆解析の流れを図 13.3 に整理する．基本的な計算の流れ
は，前節における最急降下法の場合と同様であるが，Lagrange 関数の設計変数に対する二階微分を
計算する処理が加わることになる．収束判定については，前節と同様に，各反復回数における評価関
数の差の絶対値が収束判定定数 ε を下回った際に，収束としているが，この収束判定の式の設定も今
回の問題であれば，ΔA の絶対値を設定する等，他の設定方法もある．算定された設計変数の精度に
も依ることがあるため，収束判定の設定についても，対象とする問題に応じて良く考えて設定をする
必要がある．また，一般に Newton-Raphson 法は最急降下法に比べ，少ない反復回数で収束するが，
設計変数が多い場合，Lagrange 関数 J^* の設計変数に対する二階微分により表された行列に関する
逆行列の計算に多くの計算時間を要するため，逆解析に Newton-Raphson 法を適用する場合は，非
現実的な計算時間にならないように考えてからプログラミングを実施する必要がある．この逆行列を
近似的に算定する **quasi-Newton** 法と呼ばれる解法もあり，設計変数の更新の方法については数多く
提案が行われている.

本章に示した最適化の計算は，微分方程式を制約条件とする問題に対しても適用できる．微分方程
式を数値的に解く際は，前章までで説明をした有限差分法，有限要素法を適用することにより，空間
的にも広がりを持ち，かつ時間的に進展する問題に対しても，計算できるため，設計変数を本章で示
した最適化のプロセスに基づいて実施することにより，最適な形を求める問題（最適形状問題）の解
析も行うことができる．この点の例題は，第 15 章に述べることにする.

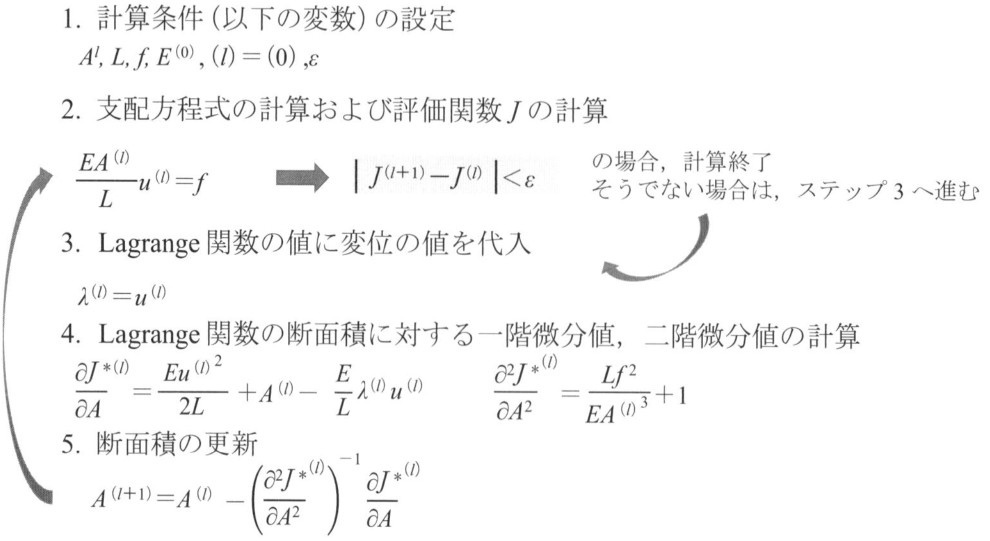

1. 計算条件（以下の変数）の設定
   $A^l, L, f, E^{(0)}, (l) = (0), \varepsilon$

2. 支配方程式の計算および評価関数 J の計算

   $$\frac{EA^{(l)}}{L}u^{(l)} = f \quad \Longrightarrow \quad \left| J^{(l+1)} - J^{(l)} \right| < \varepsilon$$
   の場合，計算終了
   そうでない場合は，ステップ 3 へ進む

3. Lagrange 関数の値に変位の値を代入
   $\lambda^{(l)} = u^{(l)}$

4. Lagrange 関数の断面積に対する一階微分値，二階微分値の計算
   $$\frac{\partial J^{*(l)}}{\partial A} = \frac{Eu^{(l)^2}}{2L} + A^{(l)} - \frac{E}{L}\lambda^{(l)}u^{(l)} \qquad \frac{\partial^2 J^{*(l)}}{\partial A^2} = \frac{Lf^2}{EA^{(l)^3}} + 1$$

5. 断面積の更新
   $$A^{(l+1)} = A^{(l)} - \left(\frac{\partial^2 J^{*(l)}}{\partial A^2} \right)^{-1} \frac{\partial J^{*(l)}}{\partial A}$$

図 13.3　Newton-Raphson 法による Young 率 E の同定問題に対する計算の流れ

第14章

Fortran90/95・MATLAB による最適設計演習

本章では，Fortran90/95・MATLAB による最適設計のプログラム例について説明する．13.2 節の内容を元に，軸方向の変形部材の仕事を最小とする断面積 A の値を算定する．断面積 A が無限大にならないように，評価関数に断面積の評価項を加えた評価関数とする（式(13.13)参照）．最急降下法および Newton-Raphson 法による解析を実施し，結果の比較を行う．

14.1 最適設計の計算条件および厳密解について

最適設計の一例として，図 13.1 に示す解析モデルに対して，式(13.13)に示す評価関数を最小とする断面積 A を算定するプログラムについて紹介する．解析においては，外力 $f = 10\,\mathrm{N}$，部材長さ $L = 1.0\,\mathrm{m}$，Young 率 $E = 1.0\,\mathrm{Pa}$，収束判定定数 $\varepsilon = 0.0001$ とする．以下，最急降下法および Newton-Raphson 法によるプログラムを示すが，最急降下法では，ステップ長さ $\alpha = 0.01$ とする．

以下，プログラムの出力結果の妥当性を確認するため，厳密解を誘導する．式(13.5)より，変位 u は式(14.1)のようになる．Lagrange 関数 J^* の断面積 A に対する勾配の式（式(13.17)）に式(14.1)を代入すると，式(14.2)のようになり，最終的に評価関数を最小とする断面積 A は式(14.3)のようになる．

$$u = \frac{fL}{EA} \tag{14.1}$$

$$\frac{\partial J^*}{\partial A} = \frac{Eu^2}{2L} + A - \frac{E}{L}\lambda u = -\frac{Eu^2}{2L} + A = -\frac{E}{2L}\left(\frac{fL}{EA}\right)^2 + A = 0 \tag{14.2}$$

$$A = \left(\frac{f^2 L}{2E}\right)^{\frac{1}{3}} \tag{14.3}$$

上に示す解析条件を式(14.3)に代入すると，厳密解は $A = (50)^{\frac{1}{3}} \approx 3.684\,\mathrm{m}^2$ となる．

14.2 Fortran90/95 による最適設計

本節では，Fortran90/95 による前節に示した解析条件に従い，最適設計の数値計算プログラムについて解説する．以下，最急降下法および Newton-Raphson 法によるプログラムを紹介し，プログラムの途中に解説を入れて説明する．解析結果の比較については，プログラムの後に説明をする．

● 最急降下法による軸方向の変形部材における仕事を最小とする最適断面積を算定するための計算
プログラム

```fortran
-----
program optimization1
!
implicit double precision  （a-h , o-z）
!
open （11 , file='output8.dat'）
!
! Input of numerical conditions  （計算条件 f, L, E, ε の入力）
!
ff = 10.d0
al = 1.d0
EE = 1.d0
eps = 0.0001d0
! （断面積 A の初期値，反復回数の初期化，ステップ長さ α の設定）
area = 1.d0
iter = 0
alpha = 0.01
!
100 continue
!
! Computation of governing equation  （支配方程式の計算）
!
   uu = ff*al/ （EE*area）
!
! Computation of performance function  （評価関数の計算）
!
   aJ = （（EE*area*uu**2）/（2.d0*al））+（area**2/2.d0）
!
! Check for convergence  （収束判定のチェック）
!
   if （ dabs（aJ-aJ0）.lt. eps ） then
     go to 200
   else
   end if
!
! Computation of adjoint equation
!  （ Relationship of self-adjoint ）（自己随伴関係：λ に u の値を代入）
!
   alambda = uu
!
```

! Computation of gradient of the Lagrange function J* with respect to A　　（∂J*/∂A の計算）

!

　　grad = （（EE*uu**2)/(2.d0*al)）+ area -（EE/al)*alambda*uu

!

! Output of results　　（計算結果の出力）

!

　　write（11,*）　iter, aJ, area

!

! Update of each variable　　（断面積 A，評価関数，反復回数の更新.）

! aJ0 は前の評価関数の値 aJ を格納している.

　　area = area - alpha * grad

　　aJ0 = aJ

　　iter = iter + 1

!

go to 100

!

200 continue

　　write（11,*）　iter, aJ, area

!

end program optimization1

-----

output8.dat

 0 50.50000000000000 1.000000000000000

 1 34.66709721021028 1.489999989047647

 2 30.85185037509089 1.700315068168965

 3 28.65875541457816 1.856258182961326

 4 27.18256756813535 1.982804228346781

 5 26.10605702532592 2.090153697730323

 6 25.28117789597161 2.183701568823785

 7 24.62732793444609 2.266718172086156

 8 24.09605992085747 2.341364905222710

 9 23.65615382863131 2.409159015835485

10 23.28641863933372 2.471214208750653

・・・・・

100 20.36279265247879 3.628572687634150

101 20.36251168354910 3.630262010316592

102 20.36224781534904 3.631899105031118

103 20.36199999249537 3.633485633516953

104 20.36176722605781 3.635023201744534

105 20.36154858925462 3.636513361966506

106 20.36134321343799 3.637957614682218

107 20.36115028434874 3.639357410520036

108 20.36096903862131 3.640714152041559

```
109 20.36079876052159 3.642029195471535
110 20.36063877890118 3.643303852357103
111 20.36048846435309 3.644539391159743
112 20.36034722655507 3.645737038783152
113 20.36021451178745 3.646897982040055
114 20.36008980061361 3.648023369060815
115 20.35997260571201 3.649114310646531
116 20.35986246984944 3.650171881569185
117 20.35975896398578 3.651197121821232
118 20.35966168550170 3.652191037816925
```

● Newton-Raphson 法による軸方向の変形部材における仕事を最小とする最適断面積を算定するための計算プログラム

```
-----
program optimization2
!
implicit double precision （a-h，o-z）
!
open （11，file='output9.dat'）
!
! Input of numerical conditions　（計算条件 f, L, E, ε の入力）
!
ff = 10.d0
al = 1.d0
EE = 1.d0
eps = 0.0001d0
! （断面積 A の初期値，反復回数の初期化，ステップ長さ α の設定）
area = 1.d0
iter = 0
!
100 continue
!
! Computation of governing equation　（支配方程式の計算）
!
    uu = ff*al/(EE*area)
!
! Computation of performance function　（評価関数の計算）
!
    aJ = ((EE*area*uu**2)/(2.d0*al))+(area**2/2.d0)
!
! Check for convergence　（収束判定のチェック）
!
```

```
      if （ dabs(aJ-aJ0).lt. eps ） then
        go to 200
      else
      end if
!
! Computation of adjoint equation
! （ Relationship of self-adjoint ）　（自己随伴関係：λ に u の値を代入）
!
      alambda = uu
!
! Computation of gradient of the Lagrange function J* with respect to A　（∂J*/∂A の計算）
!
      grad = ((EE*uu**2)/(2.d0*al)) + area - (EE/al)*alambda*uu
!
! Computation of second derivative of J* with respect to A　（∂²J*/∂A² の計算）
!
      grad2 = ((al*ff**2)/(EE*area**3))+1.d0
!
! Output of results　（計算結果の出力）
!
      write(11,*) iter, aJ, area
!
! Update of each variable　（断面積 A，評価関数，反復回数の更新.）
! aJ0 は前の評価関数の値 aJ を格納している.
      area = area - (1.d0/grad2) * grad
      aJ0 = aJ
      iter = iter + 1
!
go to 100
!
200 continue
      write(11,*) iter, aJ, area
!
end program optimization2
-----
output9.dat
 0 50.50000000000000 1.000000000000000
 1 34.76949972224946 1.485148514851485
 2 25.50612678890920 2.157062960328029
 3 21.32726636272431 2.940469974947830
 4 20.40150358823299 3.516625090362477
 5 20.35822426232142 3.676199632818136
 6 20.35813212487880 3.684014825340559
```

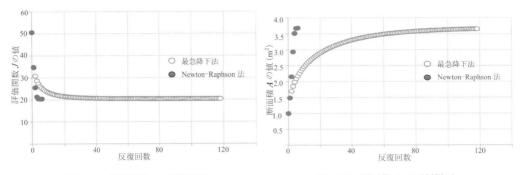

図 14.1　評価関数 J の更新履歴　　　　　　図 14.2　断面積 A の更新履歴

以下，上記のプログラムにより算定された結果に対して，最急降下法および Newton-Raphson 法による結果の比較を示す．図 14.1，14.2 は評価関数 J および断面積 A の更新履歴を示す．まず，評価関数 J はどちらの手法に対しても，反復回数が 0 のときは $J=50$ 程度であるが，最終的に 20 程度の値に収束していることを確認できる．また，最急降下法では，118 回の反復回数を要しているが，Newton-Raphson 法では 6 回の反復回数で評価関数が収束していることがわかる．両プログラムにおける違いは，最急降下法においてはステップ長さ α としている箇所を，Newton-Raphson 法では，$\left(\dfrac{\partial}{\partial A}\left(\dfrac{\partial J^{*\,(l)}}{\partial A}\right)\right)^{-1}$ により与えている所であり，ステップ長さを適切に与えることで，収束速度を向上できることを意味している．今回は，最急降下法のステップ長さ $\alpha=0.01$ とした場合の結果であるが，一般に Newton-Raphson 法は最急降下法に比べ，少ない反復回数で収束する．また，図 14.2 より，断面積 A は初期値 $1.0\,\mathrm{m}^2$ からスタートし，最終的には，最急降下法では，約 $3.652\,\mathrm{m}^2$，Newton-Raphson 法では，約 $3.684\,\mathrm{m}^2$ と算定されており，厳密解 $A=(50)^{\frac{1}{3}}\approx 3.684\,\mathrm{m}^2$ に近い解が得られていることを確認できる．

14.3　MATLAB による最適設計

本節では，MATLAB による 14.1 節に示した解析条件に従い，最適設計の数値計算プログラムについて解説する．以下，最急降下法および Newton-Raphson 法によるプログラムを紹介し，プログラムの途中に解説を入れて説明する．解析結果の比較については，プログラムの後に説明をする．

● 最急降下法による軸方向の変形部材における仕事を最小とする最適断面積を算定するための計算プログラム

```
>> %#############################################################
>> % program optimization1
>> %#############################################################
```

```
>> clear all
>> % 解析データの出力について
>> outdata8 = fopen ('output8.dat', 'w') ;
>> % Input of numerical conditions   （計算条件 f, L, E, ε の入力）
>> ff = 10 ;
>> al = 1 ;
>> EE = 1 ;
>> eps = 0.0001 ;
>> % （断面積 A の初期値，反復回数の初期化，ステップ長さ α の設定）
>> area = 1 ;
>> iter = 0 ;
>> alpha = 0.01 ;
>> %Computation of governing equation   （支配方程式の計算）
>> uu = ff*al/(EE*area) ;
>> %Computation of performance function   （評価関数の計算）
>> aJ = ((EE*area*uu^2)/(2*al))+(area^2/2) ;
>> aJ0 = aJ - eps -1 ;% 次の while ループを繰り返すため，aJ0 の初期値を設定する
>> %Check for convergence   （収束判定のチェック）
>> while (abs(aJ-aJ0))>= eps
      % Computation of adjoint equation
      % ( Relationship of self-adjoint )   （自己随伴関係：λ に u の値を代入）
      alambda = uu ;
      % Computation of gradient of the Lagrange function J* with respect to A   （∂J*/∂A の計算）
      grad = ((EE*uu^2)/(2 *al))+ area - (EE/al)*alambda*uu ;
      % Output of results   （計算結果の出力）
      fprintf (outdata8, ' %d %f %f ¥n', iter, aJ, area) ;
      % Update of each variable   （断面積 A，評価関数，反復回数の更新）
      % aJ0 は前の評価関数の値 aJ を格納している.
      area = area - alpha*grad ;
      aJ0 = aJ ;
      iter = iter + 1 ;
      uu = ff*al/(EE*area) ;% 支配方程式の再計算
      aJ = ((EE*area*uu^2)/(2*al))+(area^2/2) ;% 評価関数の再計算
      end
>> fprintf (outdata8, ' %d %f %f ¥n', iter, aJ, area) ;% 収束した計算結果の出力
output8.dat
 0 50.500000 1.000000
 1 34.667097 1.490000
 2 30.851850 1.700315
 3 28.658755 1.856258
 4 27.182567 1.982804
 5 26.106057 2.090154
 6 25.281178 2.183702
```

```
7 24.627328 2.266718
8 24.096060 2.341365
9 23.656154 2.409159
10 23.286419 2.471214
・ ・ ・ ・ ・
100 20.362793 3.628573
101 20.362512 3.630262
102 20.362248 3.631899
103 20.362000 3.633486
104 20.361767 3.635023
105 20.361549 3.636513
106 20.361343 3.637958
107 20.361150 3.639357
108 20.360969 3.640714
109 20.360799 3.642029
110 20.360639 3.643304
111 20.360488 3.644539
112 20.360347 3.645737
113 20.360215 3.646898
114 20.360090 3.648023
115 20.359973 3.649114
116 20.359862 3.650172
117 20.359759 3.651197
118 20.359662 3.652191
```

● Newton-Raphson 法による軸方向の変形部材における仕事を最小とする最適断面積を算定するための計算プログラム

```
>> %##############################################################
>> % program optimization2
>> %##############################################################
>> clear all
>> %解析データの出力について
>> outdata9 = fopen （'output9.dat', 'w'）；
>> % Input of numerical conditions （計算条件 f, L, E, ε の入力）
>> ff = 10；
>> al = 1；
>> EE = 1；
>> eps = 0.0001；
>> %（断面積 A の初期値，反復回数の初期化，ステップ長さ α の設定）
>> area = 1；
>> iter = 0；
>> %Computation of governing equation （支配方程式の計算）
```

```
>> uu = ff*al/(EE*area)；
>> %Computation of performance function　（評価関数の計算）
>> aJ = EE*area*uu^2/(2*al) + area^2/2；
>> aJ0 = aJ - eps -1；% 次の while ループを繰り返すため，aJ0 の初期値を設定する
>> %Check for convergence　（収束判定のチェック）
>> while（abs(aJ-aJ0)）>= eps
    % Computation of adjoint equation
    %（Relationship of self-adjoint）（自己随伴関係：λ に u の値を代入）
    alambda = uu；
    % Computation of gradient of the Lagrange function J* with respect to A　（∂J*/∂A の計算）
    grad = EE*uu^2/(2 *al) + area - (EE/al)*alambda*uu；
    % Computation of second derivative of J* with respect to A　（∂²J*/∂A² の計算）
    grad2 = al*ff^2/(EE*area^3) + 1；
    % Output of results　（計算結果の出力）
    fprintf（outdata9，'%d %f %f ¥n'，iter，aJ，area）；
    % Update of each variable　（断面積 A，評価関数，反復回数の更新）
    % aJ0 は前の評価関数の値 aJ を格納している.
    area = area - (1/grad2)*grad；
    aJ0 = aJ；
    iter = iter + 1；
    uu = ff*al/(EE*area)；% 支配方程式の再計算
    aJ = EE*area*uu^2/(2*al)+ area^2/2；% 評価関数の再計算
    end
>> fprintf（outdata9，'%d %f %f ¥n'，iter，aJ，area）；% 収束した計算結果の出力
output9.dat
 0 50.500000 1.000000
 1 34.769500 1.485149
 2 25.506127 2.157063
 3 21.327266 2.940470
 4 20.401504 3.516625
 5 20.358224 3.676200
 6 20.358132 3.684015
```

　上記のプログラムにより算定された結果は Fortran90/95 プログラムの計算結果と一致になるため，最急降下法および Newton-Raphson 法による結果の比較結果は図 14.1，14.2 を参照して頂き，ここでは割愛する.

練 習 問 題

　14.2 節，14.3 節に示すプログラムにおける断面積 A の初期値を $0.5\,\mathrm{m}^2$，$2.0\,\mathrm{m}^2$ に変更し，最急降下法および Newton-Raphson 法における収束特性の違いについて，比較・考察をしなさい.

第15章

最適設計の応用

本章では，前章までに解説をした有限要素解析および最適設計を応用した解析事例について説明する．以下，**形状最適化**の事例と，構造内の欠陥の**トポロジー同定**（形態同定）の事例について紹介する．ここでは，解析全体の流れ，結果の説明に主眼を置き，詳細の説明を割愛する点もあるが，前章までの基礎知識を有していれば理解できるように記載する．

15.1　基本振動固有値最大化のための形状最適化の事例紹介

本節に 3 次元片持ちばりの基本振動固有値最大化問題における形状最適化の事例を紹介する．片持ちばりの解析モデル（長さ 100 mm，高さ 20 mm，幅 10 mm）を図 15.1 に示している．基本振動固有値（すなわち 1 次振動固有値）を抑えるため，梁の自由端の中心部に付加質量 4 kg を与えている．また，形状最適設計では体積制約 $M \leq M_0$ を設定している．ただし，M_0 は解析モデルの初期体積である．

速度場解析（形状更新のための構造解析）の境界条件は片持ちばりの固定端と自由端を面内変動のみの拘束条件を設定している．また，対称性を保持するため，片持ちばりの中心軸を通る X_1-X_2 面および X_1-X_3 面を面内変動のみの拘束条件を設定している．

まず定式化では，基本振動固有値を最大化するため，目的関数は 1 次振動固有値 $\lambda^{(1)}$ を設定する．有限要素法に基づき，式(15.1)に示す固有振動解析の弱形式の支配方程式から 1 次振動固有値 $\lambda^{(1)}$ を求めることができる．

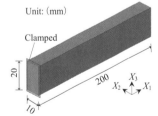

図 15.1　基本振動固有値最大化問題における 3 次元片持ちばりの解析モデル

$$\int_\Omega \sigma(v^{(1)})\epsilon(\bar{v}^{(1)})d\Omega = \lambda^{(1)}\int_\Omega \rho v^{(1)}\bar{v}^{(1)}d\Omega, \ \forall \bar{v}^{(1)} \in U \quad (15.1)$$

ただし，Ω は解析モデルの全体領域，$v^{(1)}$ と $\bar{v}^{(1)}$ は固有振動解析の変位と仮想変位を表している．$\sigma(v^{(1)})$ と $\epsilon(\bar{v}^{(1)})$ は変位における応力とひずみのテンソルで表わす．また，U は変位の拘束条件を満たす許容関数空間とする．

本事例は，$\lambda^{(1)}$ を最大化（すなわち $-\lambda^{(1)}$ を最小化）するため，式(15.2)に示す Lagrange 汎関数は $\bar{v}^{(1)}$ と Λ をそれぞれ固有振動方程式と体積制約の Lagrange 乗数として定義する．

$$L = -\lambda^{(1)} + \left\{\lambda^{(1)}\int_\Omega \rho v^{(1)}\bar{v}^{(1)}d\Omega - \int_\Omega \sigma(v^{(1)})\epsilon(\bar{v}^{(1)})d\Omega\right\} + \Lambda(M - M_0) \quad (15.2)$$

　また，勾配法による形状最適化を行うため，Lagrange 汎関数の物質導関数を導出する．続いて，最適性条件を考慮して，解析モデルの外表面の領域 Γ における形状勾配関数（感度関数）G を式(15.3)に示すように導出することができる．

$$G = \int_\Gamma G^{(1)} V \mathrm{d}\Gamma + \int_\Gamma G_0 V \mathrm{d}\Gamma \tag{15.3}$$

　ただし，V は**設計速度場**（形状変動量）と言われる．$G^{(1)}$ は材料の外境界面に関する形状勾配密度関数，G_0 は体積制約に関する形状勾配密度関数を示し，下記のように表している．

$$G^{(1)} = \lambda^{(1)} \rho v^{(1)} \overline{v}^{(1)} - \sigma(v^{(1)}) \epsilon(\overline{v}^{(1)}) \tag{15.4}$$

$$G_0 = \Lambda \tag{15.5}$$

　解析モデルにおける形状最適化の流れを以下に示す．計算条件としては，表 15.1 に示す値を用いる．

1) 計算条件の入力（有限要素モデル，境界条件，形状勾配関数の係数など．）また，反復回数を $k=0$ とする．

2) 振動方程式（式(15.1)）における有限要素解析から目的関数（評価関数）$\lambda^{(1)}$ を計算する．

3) 収束判定．$|\lambda^{(1)(k)} - \lambda^{(1)(k-1)}/\lambda^{(1)(0)}|$ が収束判定定数 ε より小さいなら計算を終了し，そうでない場合は，計算を続ける．

4) 式(15.1)の有限要素解析から得られた結果を式(15.4)に代入して形状勾配関数を計算する．

5) 負の形状勾配関数に係数を掛けて，力として解析モデルの外表面に与え，有限要素法に基づく速度場解析を行い，全節点の最適な形状変動量を求める．

6) 求めた最適な形状変動量による形状更新と反復回数の更新を行った後，ステップ 2 に戻る．

表 15.1　片持ちばりの基本振動固有値最大化問題における計算条件

総節点数	23,331
総要素数	20,009
Young 率 E（GPa）	2.0×10^2
Poisson 比 ν	0.3
密度 ρ（kg/m³）	7.9×10^3
収束判定定数 ε	1.0×10^{-3}

　最後に，形状最適化の形状変動履歴を図 15.2，1 次振動固有値と体積の収束履歴を図 15.3 に示している．初期形状と比べ，片持ちばりの最適形状は体積制約を満たしつつ，その基本振動固有値は

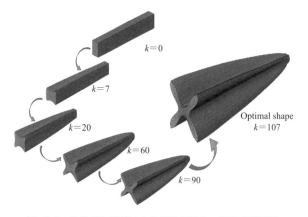

図 15.2　繰り返し計算により形状最適化の形状変動履歴

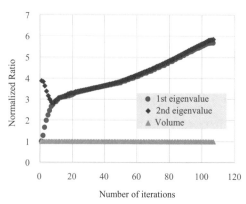

図 15.3　正規化した固有値と体積の収束履歴

5.67 倍上昇していることが確認できる.

本事例により,数値解析は,有限要素解析にもちろん,最適化アルゴリズムを含めた形状最適化に関する研究にも役に立ち,部品設計で高性能と低コストの両立を可能にする必要不可欠な手段となる.

15.2 構造内の空洞のトポロジー同定解析の事例紹介

構造の打撃点検を支援する構造内の空洞のトポロジー同定解析の事例を紹介する(出典:T. Kurahashi *et al.*, Application of level-set type topology optimization analysis for cavity shape estimation problem in structures based on non-destructive hammering test, *14th World Congress in Computational Mechanics(WCCM)ECCOMAS Congress 2020*).図 15.4 に示すように,構造表面において打撃し,表面における振動変位を測定し,振動変位の測定値から,評価領域(図 15.4 では Design domain)における構造内の空洞のトポロジーを推定する解析である.

まず定式化に際し,式(15.6)に示す評価関数を定義する.w は鉛直方向変位を示しており,*nobs.* は**観測点数**を示す.t_0 は解析の**初期時刻**,t_f は解析の**終端時刻**を示す.ここに,目的は,式(15.6)に示す評価関数 J を最小とするような,**空洞トポロジー**を同定する.ここに,空洞トポロジーは**レベルセット関数** ϕ の分布により決定するものとする.

$$J = \frac{1}{2}\sum_{i=1}^{nobs}\int_{t_0}^{t_f}(w_{(i)}-w_{(i)obs.})^2 dt \tag{15.6}$$

空間方向に対して 8 節点の六面体アイソパラメトリック要素を用いて離散化を行った振動方程式を,式(15.6)に対する制約条件として導入し,随伴変数法に基づき,式(15.7)に示す Lagrange 関数を定義する.$\{\lambda\}$ は随伴変数ベクトルを示し,$[M]$,$[C]$ および $[K]$ は,振動方程式を有限要素法により離散化した際に得られる**質量行列,減衰行列,剛性行列**を示す.また $\{f\}$ は外力ベクトルを示す.ここに,$[M]$,$[C]$ および $[K]$ は,材料の有無を表すレベルセット関数 ϕ による関数とする.

$$J^* = J + \int_{t_0}^{t_f}\{\lambda\}^T([M(\phi)]\{\ddot{u}\}+[C(\phi)]\{\dot{u}\}+[K(\phi)]\{u\}-\{f\})dt \tag{15.7}$$

Lagrange 関数 J^* の第一変分を計算し,停留条件 $\delta J^*=0$ を満たすように,式の誘導が行われる.Lagrange 関数 J^* の随伴変数ベクトルに対する勾配(微分)より式(15.8)が得られる.また,Lagrange 関数 J^* の変位ベクトルに対する勾配(微分)より式(15.9)が得られる.ここに式(15.9)の右

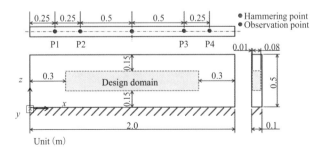

図 15.4 空洞のトポロジー同定解析における解析モデル

辺ベクトル $\{s\}$ は，観測点 (i) において $\int_{t_0}^{t_f}(w_{(i)}-w_{(i)obs.})dt$，それ以外の節点では零となるベクトルである．式(15.8)，(15.9)の時間方向の離散化には Newmark の β 法を用いる．式(15.8)の変位に対しては，初期時刻 t_0 における条件（初期条件）として，初期変位，所属度が零の条件が課されるが，停留条件 $\delta J^*=0$ を満たすように，定式化を行うと，式(15.9)の随伴変数に対しては，終端時刻 t_f における条件（終端条件）として，終端時刻における随伴変数，随伴変数の速度が零という条件が得られる．そのため，式(15.9)は終端時刻 t_f から初期時刻 t_0 に対して逆時間方向に解くことになる．境界条件としては，式(15.8)は底面固定（底面における変位が零）で実施し，式(15.9)に対する境界条件は，停留条件 $\delta J^*=0$ より，底面における随伴変数が零という条件が得られ，この境界条件に基づき，式(15.9)の計算が行われる．

$$[M(\phi)]\{\ddot{u}\}+[C(\phi)]\{\dot{u}\}+[K(\phi)]\{u\}=\{f\} \tag{15.8}$$

$$[M(\phi)]\{\ddot{\lambda}\}-[C(\phi)]\{\dot{\lambda}\}+[K(\phi)]\{\lambda\}=\{s\} \tag{15.9}$$

ここで，レベルセット関数 ϕ の更新式として，式(15.10)に示す**反応拡散方程式**を導入する．Lagrange 関数 J^* のレベルセット関数 ϕ に対する勾配を反応項とした拡散方程式であり，仮想時間 $\bar{t}$ の方向に対してレベルセット関数 ϕ が更新される．仮想時間方向における時間ステップは，トポロジー同定解析における反復回数を示しており，実時間と異なるため仮想時間としている点に注意して頂きたい．ここで，式(15.10)を有限要素法により空間方向に離散化すると各要素 e 対して式(15.11)が得られる．e は要素番号を示す．ここに，$\kappa(\phi)$，C および τ は正のパラメータを示しており，τ は**正則化パラメータ**と呼ばれる．$\{N\}$ は形状関数によるベクトルを示す．式(15.11)の仮想時間方向に対する離散化には後退差分を適用する．

$$\phi_{,\bar{t}}-\kappa(\phi)\tau(\phi_{,xx}+\phi_{,yy}+\phi_{,zz})=-\kappa(\phi)CJ^*_{,\phi} \tag{15.10}$$

$$[M_e]\{\phi_{e,\bar{t}}\}+\kappa(\phi)\tau[S_e]\{\phi_e\}=-\kappa(\phi)CJ^*_{e,\phi}\int_{\Omega_e}\{N_e\}d\Omega \tag{15.11}$$

式(15.10)，(15.11)における $J^*_{e,\phi}$ は式(15.12)に示すように，振動方程式に対する有限要素方程式の係数行列をレベルセット関数 ϕ により微分することにより書き表される．レベルセット関数 ϕ は材料の有無を示すことから，**ヘビサイド関数** $H_e(\phi)$ を導入し 0（材料無し），1（材料有り）により材料の有無を表し，式(15.12)を式(15.13)のように書き表す．

$$J^*_{e,\phi}=\int_{t_0}^{t_f}\{\lambda_e\}^T([M_{e,\phi}]\{\ddot{u}_e\}+[C_{e,\phi}]\{\dot{u}_e\}+[K_{e,\phi}]\{u_e\})dt \tag{15.12}$$

$$J^*_{e,\phi}=\int_{t_0}^{t_f}\{\lambda_e\}^T([M_e]\{\ddot{u}_e\}+[C_e]\{\dot{u}_e\}+[K_e]\{u_e\})H_e(\phi)dt \tag{15.13}$$

レベルセット関数 ϕ に関しては，0 の場合は，空洞と材料の境界を示し，負の値の場合は空洞，正の値の場合は材料が有るとする．ここに，空洞のトポロジー同定解析の計算の流れを以下に示す．計算条件としては，表15.2 に示す値を用いる．

1) 計算条件の入力（有限要素モデル，境界条件，初期条件，逆解析における数値パラメータ．）また，反復回数を $k=0$ とする．

2) 振動方程式（式(15.8)）の計算および評価関数（式(15.6)）の計算をする.

3) 収束判定. $|J^{(k)}-J^{(k-1)}/J^{(0)}|$ が収束判定定数 ε より小さいなら計算を終了し，そうでない場合は，計算を続ける.

4) 随伴方程式（式(15.9)）の計算をする.

5) 個々の要素に対して Lagrange 関数 J^* のレベルセット関数 ϕ に対する勾配（式(15.13)）の計算をする.

表 15.2 空洞のトポロジー同定解析における計算条件

総節点数	112,761
総要素数	100,000
時間ステップ数	256
時間刻み Δt	39.0625
Young 率 E(GPa)	35.096
Poisson 比 ν	0.16
密度 ρ(kg/m³)	2.3×10^3
減衰定数 c_M, c_K（レイリー減衰）	90.0, 1.0×10^{-6}
仮想時間刻み $\Delta \hat{t}$	1.0×10^{-8}
収束判定定数 ε	1.0×10^{-3}

6) 全要素において式(15.11)を重ね合わせた式を用いたレベルセット関数 ϕ の分布に関して更新する.

7) 更新されたレベルセット関数 ϕ に対して，0 の場合は，空洞と材料の境界を示し，負の値の場合は空洞，正の値の場合は材料が有るとする. 空洞トポロジーを更新した後，ステップ 2 に戻る.

　以上に基づき，トポロジー同定解析を行った結果を以下に示す. 図 15.5 のように正解空洞を仮定し，打撃力としてガウシアンパルスにより与え振動解析を行い，図 15.4 の観測点において鉛直方向（z 方向）の変位波形を出力する. ガウシアンパルスは $F(t)=F_{\max} \exp\left(-(t-t_{peak})^2/s^2\right)$ とし，$F_{\max}$, t_{peak} および s はそれぞれ 2.0×10^3 N, 10^{-3} s, 10^{-4} s と与える. 空洞のトポロジー同定解析の初期条件として，初期空洞を図 15.6 のように設定し，図 15.5 に示す目標形状が得られるか検討を行う.

　ここでは，正則化パラメータ τ を Case-A：$\tau=0.001$, Case-B：$\tau=0.005$, Case-C：$\tau=0.010$ と変え，検討を実施する. 図 15.7 は，初期の評価関数の値により正規化した評価関数値に関する収束履歴を示す. 結果として，Case-B および Case-C においては，適切に評価関数の値を下げることができている（すなわち，同定後の空洞形状の設定において観測点における z 方向変位が，目標とする

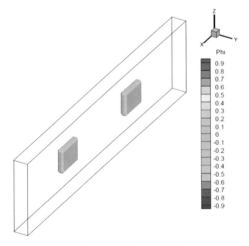

図 15.5　空洞の目標形状

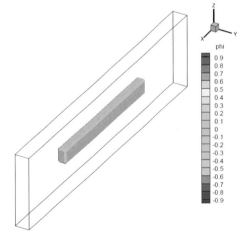

図 15.6　空洞のトポロジー同定解析の初期条件として設定した空洞形状

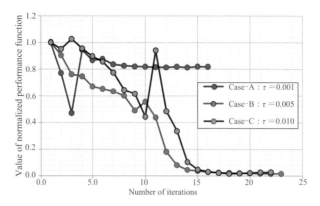

図 15.7　評価関数 $J^{(0)}$ の値により正規化した評価関数 J の収束履歴

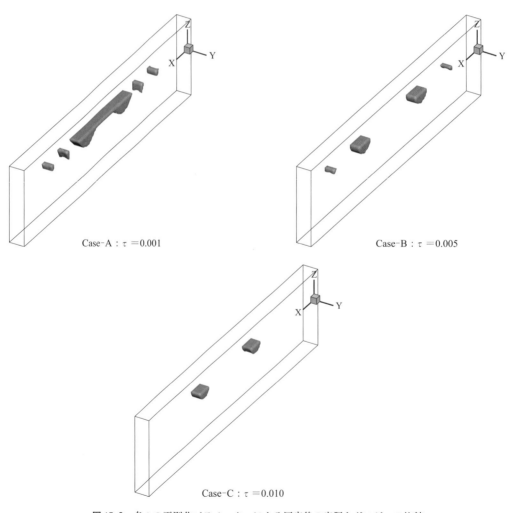

図 15.8　各々の正則化パラメータ τ による同定後の空洞トポロジーの比較

空洞の際の z 方向変位に近くなっている）が，Case-A では，適切に評価関数の値を下げることができていないことがわかる．また評価関数収束時における空洞トポロジーを図 15.8 に示す．結果として，個数や位置については Case-C が最も図 15.5 に近いことがわかる．しかし，大きさについては若干小さめの空洞トポロジーが同定されており，この点は，観測点の位置や個数に起因すると考えられる．このような逆解析の問題は，解が存在する問題を解いているかしっかり考え，条件設定等を選定する必要がある．逆解析のフィールドは発展途上の領域であり，多数の研究者の参入が待たれる研究領域である．

参 考 文 献

・畔上　秀幸：形状最適化問題，森北出版，2016.
・西脇　眞二，泉井　一浩，菊池　昇：トポロジー最適化（計算力学レクチャーコース），丸善出版，2012.

【練習問題の解答】

練 習 問 題

Fortran90/95 あるいは MATLAB を用いて，Gauss の消去法により，以下の連立方程式（式(2.6)）を計算する計算プログラムを作成せよ.

$$\begin{bmatrix} 4 & 1 & 2 \\ 3 & 6 & 1 \\ 1 & 2 & 5 \end{bmatrix} \begin{Bmatrix} u_{(1)} \\ u_{(2)} \\ u_{(3)} \end{Bmatrix} = \begin{Bmatrix} 25 \\ 34 \\ 16 \end{Bmatrix} \tag{2.6}$$

練習問題の解答

（※以下は open 文（Fortran90/95）/fopen 文（MATLAB）を使用しない場合でプログラム構築した例を示す.）

プログラムを回すことにより，以下の結果が得られる.

u(1)= 5.000000000000000
u(2)= 3.000000000000000
u(3)= 1.000000000000000

Fortran90/95（ループ計算によるプログラム例）

```
program Gauss
   implicit double precision  （ a-h , o-z ）
   parameter（ md1 = 20 ）
!
   dimension a(md1,md1), u（md1）
!-----
   n = 3
!
   a(1,1) = 4.d0
   a(1,2) = 1.d0
   a(1,3) = 2.d0
   a(2,1) = 3.d0
```

```
    a(2,2) = 6.d0
    a(2,3) = 1.d0
    a(3,1) = 1.d0
    a(3,2) = 2.d0
    a(3,3) = 5.d0
!
    u(1) = 25.d0
    u(2) = 34.d0
    u(3) = 16.d0
!
    do i = 1,n
     aa = 1.d0 / a(i,i)
     u(i) = u(i)* aa
     do j = 1,n
       a(i,j) = a(i,j)* aa
     end do
     if ( 1-n .lt. 0 ) then
       i1 = i + 1
        do k = i1,n
          cc = a(k,i)
          do j = i1,n
           a(k,j) = a(k,j) - cc * a(i,j)
          end do
          u(k) = u(k) - cc * u(i)
        end do
     end if
    end do
!-----
    n1 = n - 1
    do i = 1,n1
      j = n - i
      do k = 1,i
       l = n + 1 - k
       u(j) = u(j) - a(j,l) * u(l)
      end do
    end do
!-----
    do i = 1,n
      write(*,*)'u(',i,')=',u(i)
    end do
!
  end program Gauss
```

MATLAB（ループ計算によるプログラム例）

```
>> %################################################################
>> % program Gauss
>> %################################################################
>> clear all
>> n = 3 ;
>> a = [4 1 2 ; 3 6 1 ; 1 2 5] ;
>> u = [25 34 16] ;
>> for i = 1 : n
     aa = 1/a(i,i) ;
     u(i) = u(i)*aa ;
     for j = 1 : n
     a(i,j) = a(i,j)*aa ;
     end
     if 1-n <= 0
     i1 = i + 1 ;
     for k = i1 : n
     cc = a(k,i) ;
     for j = i1 : n
     a(k,j) = a(k,j) - cc*a(i,j) ;
     end
     u(k) = u(k) - cc*u(i) ;
     end
     end
     end
>> n1 = n - 1 ;
>> for i = 1 : n1
     j = n - i ;
     for k = 1 : i
     l = n + 1 - k ;
     u(j) = u(j) - a(j,l)*u(l) ;
     end
     end
>> for i = 1 : n
     fprintf ('u(%d) = %.15f \n', i, u(i))
     end
```

第4章　Fortran90/95・MATLAB による常微分方程式の数値計算演習

練 習 問 題

　4.2 節の Fortran90/95 プログラムあるいは 4.3 節の MATLAB プログラムを用いて，4.1 節に示した計算条件に減衰定数 c を 5.0 N·s/m，1.0 N·s/m に変えることにより，それぞれの変位 u の時間変化曲線を比較せよ．

練習問題の解答

　図 i に各ケースに対する時間変化曲線の比較を示す．減衰定数が小さくなるに従い，減衰効果が小さくなっていることがわかる．

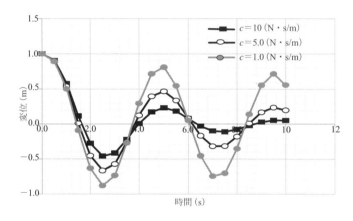

図 i　各ケースに対する時間変化曲線の比較

第6章　Fortran90/95・MATLAB による軸方向変形部材の構造解析演習

練 習 問 題

　5.4 節に示すトラス部材の問題に対する変位の算定における Fortran90/95 プログラム或いは MATLAB プログラムを作成してみよ．また，それを利用して図 ii（（再掲）図 5.6）に示すトラス部材の計算モデルの各部材の変位を求めよ．計算条件は Young 率 $E = 2.1 \times 10^{11}$ N/m²，断面積 $A = 0.01$ m² とする．

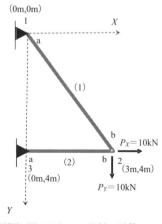

図 ii　（再掲）図 5.6 トラス部材の計算モデルの例

練習問題の解答

　以下のプログラムにより計算を実行すると，節点 2 における x 方向変位は 0.00357 m，y 方向変位は 0.03452 m となる．軸力は，部材（1）は 12500.0 N，部材（2）は 2500.0 N となる．（※外力が 10 kN となっているが，力の単位は N，長さの単位は m とし，10 kN は 10000 N とする点について注意する必要がある．）

Fortran90/95（プログラム例）

```
program truss
!
    implicit double precision ( a-h , o-z )
    parameter ( md1 = 20, md2 = 20 )
!-----
    dimension xy(2,md1), ie(2,md2),    ee(md2),    aa(md2)
    dimension jfx(md1), jfy(md1)
    dimension jpx(md1), px(md1), jpy(md1), py(md1)
    dimension sa(md1*2,md1*2), pp(md1*2), sm(4,4)
!-----
    open(07, file='input4e.dat')
    open(08, file='output4e.dat')
!
!----- データの入力
!
    call indata &
      ( nx, mx, ifx, ify, ipx, ipy, xy, &
        ie, ee, aa, jfx, jfy, jpx, px, jpy, py, md1, md2 )
!
!----- 剛性行列の重ね合わせ
!
    call stiff &
      ( nx, nx2, mx, sa, pp, ie, xy, ee, aa, sm, ipx, jpx, px, &
        ipy, jpy, py, md1, md2 )
!
!----- 境界条件
!
    call bound &
      ( nx2, ifx, jfx, ify, jfy, sa, md1 )
!
!----- Gauss の消去法による数値解の算定
!
    call sweep &
      ( nx2, sa, pp, md1*2 )
```

```
!
!----- 数値解の出力
!
   call oudata &
   ( nx, mx, pp, ie, xy, ee, aa, md1, md2 )
!
!-----
!
end program truss
!
!===== データの入力 ====================================================
!
   subroutine indata &
   ( nx, mx, ifx, ify, ipx, ipy, xy, &
       ie, ee, aa, jfx, jfy, jpx, px, jpy, py, md1, md2 )
!
!======================================================
!
   implicit double precision ( a-h , o-z )
!
   dimension xy(2,md1), ie(2,md2), ee(md2), aa(md2)
   dimension jfx(md1), jfy(md1)
   dimension jpx(md1), px(md1), jpy(md1), py(md1)
!-----
   read(07,*) nx, mx, ifx, ify, ipx, ipy
   read(07,*)( i, xy(1,i), xy(2,i), j = 1,nx )
   read(07,*)( i, ie(1,i), ie(2,i), ee(i), aa(i), j = 1,mx )
   read(07,*)( i, jfx(i), j = 1,ifx )
   read(07,*)( i, jfy(i), j = 1,ify )
   read(07,*)( i, jpx(i), px(i), j = 1,ipx )
   read(07,*)( i, jpy(i), py(i), j = 1,ipy )
!-----
end subroutine indata
!
!===== 剛性行列の重ね合わせ =========================================
!
   subroutine stiff &
   ( nx, nx2, mx, sa, pp, ie, xy, ee, aa, sm, ipx, jpx, px, &
       ipy, jpy, py, md1, md2 )
!
!==================================================================
!
   implicit double precision ( a-h , o-z )
```

nx	：節点数
mx	：部材数
ifx	：X 方向の固定端の数
ify	：Y 方向の固定端の数
ipx	：X 方向荷重点の数
ipy	：Y 方向荷重点の数
xy(1,i)	：節点の X 座標値
xy(2,i)	：節点の Y 座標値
ie(1,i)	："a" 端における節点番号
ie(2,i)	："b" 端における節点番号
ee(i)	：Young 率
aa(i)	：部材の断面積
jfx[i]	：X 方向の固定端の節点番号
jfy[i]	：Y 方向の固定端の節点番号
jpx[i]	：X 方向の荷重点における節点番号
jpy[i]	：Y 方向の荷重点における節点番号
px[i]	：X 方向の荷重点における荷重の値
py[i]	：Y 方向の荷重点における荷重の値

```
!
    dimension sa(md1*2,md1*2), pp(md1*2), ie(2,md2), xy(2,md1)
    dimension ee(md2), aa(md2), sm(4,4)
    dimension jpx(md1), px(md1), jpy(md1), py(md1)
!-----
    nx2 = nx * 2
!-----
    do i = 1,nx2
    do j = 1,nx2
    sa(i,j) = 0.d0
    end do
    end do
!
    do i = 1,nx2
    pp(i) = 0.d0
    end do
!-----
    do im = 1,mx
!
    ja = ie(1,im)
    jb = ie(2,im)
    xa = xy(1,ja)
    ya = xy(2,ja)
    xb = xy(1,jb)
    yb = xy(2,jb)
!
    sl = sqrt((xb-xa)**2 + (yb-ya)**2 )
    cx = ( xb - xa )/ sl
    sx = ( yb - ya )/ sl
    ea = ee(im)* aa(im)/ sl
    a = cx * cx * ea
    b = cx * sx * ea
    c = sx * sx * ea
!
    sm(1,1) = a
    sm(1,2) = b
    sm(1,3) = -a
    sm(1,4) = -b
!
    sm(2,1) = b
    sm(2,2) = c
    sm(2,3) = -b
    sm(2,4) = -c
```

$$
\begin{Bmatrix} N_{Xa} \\ N_{Ya} \\ N_{Xb} \\ N_{Yb} \end{Bmatrix} = \frac{EA}{l} \begin{bmatrix} \cos^2\alpha & \cos\alpha\sin\alpha & -\cos^2\alpha & -\cos\alpha\sin\alpha \\ \cos\alpha\sin\alpha & \sin^2\alpha & -\cos\alpha\sin\alpha & -\sin^2\alpha \\ -\cos^2\alpha & -\cos\alpha\sin\alpha & \cos^2\alpha & \cos\alpha\sin\alpha \\ -\cos\alpha\sin\alpha & -\sin^2\alpha & \cos\alpha\sin\alpha & \sin^2\alpha \end{bmatrix} \begin{Bmatrix} U_{Xa} \\ U_{Ya} \\ U_{Xb} \\ U_{Yb} \end{Bmatrix}
$$

$$
= \begin{bmatrix} sm(1,1) & sm(1,2) & sm(1,3) & sm(1,4) \\ sm(2,1) & sm(2,2) & sm(2,3) & sm(2,4) \\ sm(3,1) & sm(3,2) & sm(3,3) & sm(3,4) \\ sm(4,1) & sm(4,2) & sm(4,3) & sm(4,4) \end{bmatrix} \begin{Bmatrix} U_{Xa} \\ U_{Ya} \\ U_{Xb} \\ U_{Yb} \end{Bmatrix}
$$

$$
= \begin{bmatrix} a & b & -a & -b \\ b & c & -b & -c \\ -a & -b & a & b \\ -b & -c & b & c \end{bmatrix} \begin{Bmatrix} U_{Xa} \\ U_{Ya} \\ U_{Xb} \\ U_{Yb} \end{Bmatrix}
$$

```fortran
!
      sm(3,1) = -a
      sm(3,2) = -b
      sm(3,3) = a
      sm(3,4) = b
!
      sm(4,1) = -b
      sm(4,2) = -c
      sm(4,3) = b
      sm(4,4) = c
!-----
      do ia = 1,2
        ik = ie(ia,im)
        do i = 1,2
          ii = 2 * ( ia - 1 ) + i
          kk = 2 * ( ik - 1 ) + i
          do ib = 1,2
            jl = ie(ib,im)
            do j = 1,2
              jj = 2 * ( ib - 1 ) + j
              ll = 2 * ( jl - 1 ) + j
              sa(kk,ll) = sa(kk,ll) + sm(ii,jj)
            end do
          end do
        end do
      end do
!-----
      end do
!-----
      do i = 1,ipx
        ii = 2 * ( jpx(i) - 1 ) + 1
        pp(ii) = pp(ii) + px(i)
      end do
!
      do i = 1,ipy
        ii = 2 * ( jpy(i) - 1 ) + 2
        pp(ii) = pp(ii) + py(i)
      end do
!-----
end subroutine stiff
!
!===== 境界条件 ===========================================================
!
```

```fortran
    subroutine bound &
    ( nx2, ifx, jfx, ify, jfy, sa, md1 )
!
!=======================================================================
!
    implicit double precision ( a-h , o-z )
!
    dimension jfx(md1), jfy(md1), sa(md1*2,md1*2)
!-----
    do i = 1,ifx
    ii = 2 * ( jfx(i) - 1 ) + 1
    do j = 1,nx2
      sa(ii,j) = 0.d0
      sa(j,ii) = 0.d0
    end do
    sa(ii,ii) = 1.d0
    end do
!
    do i = 1,ify
    ii = 2 * ( jfy(i) - 1 ) + 2
    do j = 1,nx2
    sa(ii,j) = 0.d0
    sa(j,ii) = 0.d0
    end do
    sa(ii,ii) = 1.d0
    end do
!-----
end subroutine bound
!
!===== 数値解の出力 ====================================================
!
    subroutine oudata &
    ( nx, mx, pp, ie, xy, ee, aa, md1, md2 )
!
!=======================================================================
!
    implicit double precision ( a-h , o-z )
!
    dimension pp(md1*2), ie(2,md2), xy(2,md1)
    dimension ee(md2), aa(md2)
!-----
    write(08,600)
    do i = 1,nx
```

```fortran
      i1 = 2 * ( i - 1 ) + 1
      i2 = 2 * ( i - 1 ) + 2
      write(08,620) i, pp(i1), pp(i2)
     end do
!-----
 600 format(//,'Node',1x,'X---Displacement',1x,'Y---Displacement',/)
 620 format(i4,1x,2f16.10)
!-----

end subroutine oudata
!
!===== Gauss の消去法による数値解の算定 ======================================
!
     subroutine sweep &
     ( n, a, u, nn )
!
!==========================================================================
!
     implicit double precision ( a-h , o-z )
!
     dimension a(nn,nn), u(nn)
!-----
     do i = 1,n
     saa = 1.d0 / a(i,i)
     u(i) = u(i) * saa
!-----
      do j = 1,n
       a(i,j) = a(i,j) * saa
      end do
!-----
      if ( 1-n .lt. 0 ) then
       i1 = i + 1
       do k = i1,n
         cc = a(k,i)
         do j = i1,n
          a(k,j) = a(k,j) - cc * a(i,j)
        end do
        u(k) = u(k) - cc * u(i)
       end do
      end if
!-----
     end do
!-----
     n1 = n - 1
```

```
  do i = 1,n1
  j = n − i
  do k = 1,i
  l = n + 1 − k
  u(j) = u(j) − a(j,l) * u(l)
  end do
  end do
!-----
end subroutine sweep
```

入力データ

input4e.dat

```
  3  2  2  2  1  1
  1  0.00  0.00
  2  3.00  4.00
  3  0.00  4.00
  1  1  2  210000000000.0  0.010
  2  3  2  210000000000.0  0.010
  1  1
  2  3
  1  1
  2  3
  1  2  10000.0
  1  2  10000.0
```

出力データ

output4e.dat

Node X---Displacement Y---Displacement

```
  1  0.0000000000  0.0000000000
  2  0.0000035714  0.0000345238
  3  0.0000000000  0.0000000000
```

MATLAB（プログラム例）

```
>> %#################################################################
>> % program truss
>> %#################################################################
>> clear all
>> %
>> %-----データの入力
>> %
>> indata = importdata('input4e.dat');
>> nx = indata(1, 1);% 節点数
>> mx = indata(1, 2);% 部材数
```

```
>> ifx = indata(1, 3);% X 方向の固定端の数
>> ify = indata(1, 4);% Y 方向の固定端の数
>> ipx = indata(1, 5);% X 方向荷重点の数
>> ipy = indata(1, 6);% Y 方向荷重点の数
>> for j = 1:nx
   for i = 1:2
   xy(i, j) = indata(j + 1, i + 1);% 節点の座標値
   end
   end
```

```
xy(1,i)：節点の X 座標値
xy(2,i)：節点の Y 座標値
ie(1,i)："a" 端における節点番号
ie(2,i)："b" 端における節点番号
```

```
>> for j = 1:mx
   for i = 1:2
   ie(i, j) = indata(j + nx + 1, i + 1);% 要素の両端における節点番号
   end
   ee(j) = indata(j + nx + 1, 4);% 部材 Young 率
   aa(j) = indata(j + nx + 1, 5);% 部材の断面積
   end
>> for j = 1:ifx
   jfx(j) = indata(j + nx + mx + 1, 2);% X 方向の固定端の節点番号
   end
>> for j = 1:ify
   jfy(j) = indata(j + nx + mx + ifx + 1, 2);% Y 方向の固定端の節点番号
   end
>> for j = 1:ipx
   jpx(j) = indata(j + nx + mx + ifx + ify + 1, 2);% X 方向の荷重点における節点番号
   px(j) = indata(j + nx + mx + ifx + ify + 1, 3);% X 方向の荷重点における荷重の値
   end
>> for j = 1:ipy
   jpy(j) = indata(j + nx + mx + ifx + ify + ipx + 1, 2);% Y 方向の荷重点における節点番号
   py(j) = indata(j + nx + mx + ifx + ify + ipx + 1, 3);% Y 方向の荷重点における荷重の値
   end
>> %
>> %-----剛性行列の重ね合わせ
>> %
>> nx2 = nx*2;
>> sa(nx2, nx2) = 0;% 全体領域における剛性行列 "sa" の零クリア
>> pp(nx2) = 0;% 外力ベクトル "pp" の零クリア
>> for im = 1:mx
   ja = ie(1, im);
   jb = ie(2, im);
   xa = xy(1, ja);
   ya = xy(2, ja);
   xb = xy(1, jb);
   yb = xy(2, jb);
```

```
%
sl = sqrt((xb - xa)^2 + (yb - ya)^2)；
cx = (xb - xa)/sl；
sx = (yb - ya)/sl；
ea = ee(im)*aa(im)/sl；
a = cx*cx*ea；
b = cx*sx*ea；
c = sx*sx*ea；
sm = [a b -a -b；b c -b -c；-a -b a b；-b -c b c]；
for ia = 1：2
ik = ie(ia, im)；
for i = 1：2
ii = 2*(ia - 1)+ i；
kk = 2*(ik - 1)+ i；
for ib = 1：2
jl = ie(ib, im)；
for j = 1：2
jj = 2*(ib - 1)+ j；
ll = 2*(jl - 1)+ j；
sa(kk, ll) = sa(kk, ll)+ sm(ii, jj)；
end
end
end
end
end
```

$$
\begin{Bmatrix} N_{Xa} \\ N_{Ya} \\ N_{Xb} \\ N_{Yb} \end{Bmatrix} = \frac{EA}{l} \begin{bmatrix} \cos^2\alpha & \cos\alpha\sin\alpha & -\cos^2\alpha & -\cos\alpha\sin\alpha \\ \cos\alpha\sin\alpha & \sin^2\alpha & -\cos\alpha\sin\alpha & -\sin^2\alpha \\ -\cos^2\alpha & -\cos\alpha\sin\alpha & \cos^2\alpha & \cos\alpha\sin\alpha \\ -\cos\alpha\sin\alpha & -\sin^2\alpha & \cos\alpha\sin\alpha & \sin^2\alpha \end{bmatrix} \begin{Bmatrix} U_{Xa} \\ U_{Ya} \\ U_{Xb} \\ U_{Yb} \end{Bmatrix}
$$

$$
= \begin{bmatrix} sm(1,1) & sm(1,2) & sm(1,3) & sm(1,4) \\ sm(2,1) & sm(2,2) & sm(2,3) & sm(2,4) \\ sm(3,1) & sm(3,2) & sm(3,3) & sm(3,4) \\ sm(4,1) & sm(4,2) & sm(4,3) & sm(4,4) \end{bmatrix} \begin{Bmatrix} U_{Xa} \\ U_{Ya} \\ U_{Xb} \\ U_{Yb} \end{Bmatrix}
$$

$$
= \begin{bmatrix} a & b & -a & -b \\ b & c & -b & -c \\ -a & -b & a & b \\ -b & -c & b & c \end{bmatrix} \begin{Bmatrix} U_{Xa} \\ U_{Ya} \\ U_{Xb} \\ U_{Yb} \end{Bmatrix}
$$

```
>> for i = 1：ipx
ii = 2*(jpx(i) - 1) + 1；
pp(ii) = pp(ii) + px(i)；
end
>> for i = 1：ipy
ii = 2*(jpy(i) - 1) + 2；
pp(ii) = pp(ii) + py(i)；
end
>> %
>> %----- 境界条件
>> %
>> for i = 1：ifx
ii = 2*(jfx(i) - 1) + 1；
for j = 1：nx2
sa(ii, j) = 0；
sa(j, ii) = 0；
end
sa(ii, ii) = 1；
```

```
    end
>> for i = 1：ify
    ii = 2*(jfy(i) − 1) + 2；
    for j = 1：nx2
    sa(ii, j) = 0；
    sa(j, ii) = 0；
    end
    sa(ii, ii) = 1；
    end
>> %
>> %----- Gauss の消去法による数値解の算定
>> %
>> for i = 1：nx2
    saa = 1/sa(i, i)；
    pp(i) = pp(i)*saa；
    for j = 1：nx2
    sa(i, j) = sa(i, j)*saa；
    end
    if 1 − nx2 < 0
    i1 = i + 1；
    for k = i1：nx2
    cc = sa(k, i)；
    for j = i1：nx2
    sa(k, j) = sa(k, j) − cc*sa(i, j)；
    end
    pp(k) = pp(k) − cc*pp(i)；
    end
    end
    end
    n1 = nx2 − 1；
    for i = 1：n1
    j = nx2 − i；
    for k = 1：i
    l = nx2 + 1 − k；
    pp(j) = pp(j) − sa(j, l)*pp(l)；
    end
    end
>> %
>> %----- 数値解の出力
>> %
>> outdata = fopen ('output4e.dat', 'w')；
>> fprintf (outdata, 'Node X---Displacement Y---Displacement¥n')；
>> for i = 1：nx
```

```
    i1 = 2*(i - 1) + 1 ;
    i2 = 2*(i - 1) + 2 ;
    fprintf (outdata, '   %d %16.10f%16.10f¥n', i, pp(i1), pp(i2)) ;
    end
```

入力データ

input.dat

```
 3  2  2  2  1  1
 1  0.00  0.00
 2  3.00  4.00
 3  0.00  4.00
 1  1  2   210000000000.0   0.010
 2  3  2   210000000000.0   0.010
 1  1
 2  3
 1  1
 2  3
 1  2   10000.0
 1  2   10000.0
```

出力データ

output4e.dat

```
Node X---Displacement Y---Displacement
  1   0.0000000000   0.0000000000
  2   0.0000035714   0.0000345238
  3   0.0000000000   0.0000000000
```

第9章　Fortran90/95・MATLAB による有限差分解析演習

練 習 問 題

式(9.1)は波動方程式を示している．ϕ は物理量，c は波速である．式(9.1)の第1項，第2項に対して二階微分に対する差分近似を適用し差分方程式を誘導すると，式(9.2)のように書くことができる．

$$\frac{\partial^2 \phi}{\partial t^2} - c^2 \frac{\partial^2 \phi}{\partial x^2} = 0 \tag{9.1}$$

$$\frac{\phi_j^{n-1} - 2\phi_j^n + \phi_j^{n+1}}{\Delta t^2} - c^2 \frac{\phi_{j-1}^n - 2\phi_j^n + \phi_{j+1}^n}{\Delta x^2} = 0 \tag{9.2}$$

ここで，波速 c を 1.0 m/s とし，図 iii（（再掲）図 9.2）に示す初期条件（各プロットは，各 x の点における ϕ の値を示す．）にて波動の伝搬解析を行う．$x=0.0$ m，3.2 m の両端においては，$\phi=0.0$ m とし，初速度も零（$\frac{\partial \phi}{\partial t}=0.0$ m/s : $\frac{\phi_j^0 - \phi_j^{-1}}{\Delta t}=0.0$ m/s とし，0.0 m〜3.2 m の全格子点において，マイナス1ステップ目の ϕ_j^{-1} の値は ϕ_j^0（初期条件の値）と同値）とする．格子間隔 Δx は 0.2 m とし，時間刻み Δt は安定性解析を実施し，各自設定することとする．9.5 節，9.6 節のプログラムを参考に波動の伝搬解析を実施しなさい．

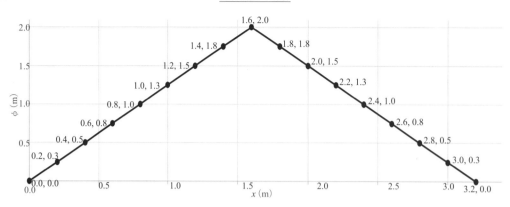

図 iii （再掲）図 9.2　波動方程式に対する 1 次元有限差分解析の初期条件（非定常モデル）

練習問題の解答

　練習問題に設定した条件において，時間刻み $\Delta t = 0.001\,\mathrm{s}$ とし，3200 ステップ計算する．結果を 800 ステップ（$0.8\,\mathrm{s}$）おきに ϕ の値を出力すると，ϕ の分布は以下の図 iv ようになる．

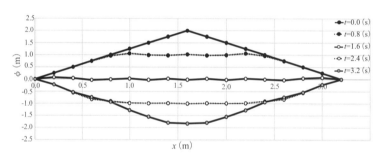

図 iv　ϕ の分布の経時変化

第 12 章　Fortran90/95・MATLAB による有限要素解析演習

練 習 問 題

　図 v（（再掲）図 12.2）に示す解析モデルに対して，定常の温度場の解析を行う．12.2 節，12.3 節のプログラムを参考に，計算条件を変更し，有限要素解析を実施しなさい．

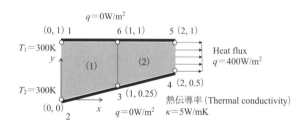

図 v　（再掲）図 12.2　解析モデル図

練習問題の解答

入力ファイル1,2を入力し有限要素解析を行うことにより，出力ファイルに示す値を得ることができる．図 v の解析モデルは，第12章の計算モデルを2つの要素に分割したモデルである，要素分割を細かくすることにより，一般に解析の精度は向上する．

入力ファイル1
input7e.dat
***** Boundary condition
  2
  1   300.00
  2   300.00
***** Heat flux
  1
  1   4   5   400.00000
入力ファイル2
meshe.dat
  6   2
  1   0.00000   1.00000
  2   0.00000   0.00000
  3   1.00000   0.12500
  4   2.00000   0.25000
  5   2.00000   0.75000
  6   1.00000   0.87500
  1   1   2   3   6
  2   6   3   4   5
出力ファイル
output7e.dat
Nodal Number, Temperature（K）
 1 300.0000000000000
 2 300.0000000000000
 3 254.2857142857142
 4 190.2857142857141
 5 190.2857142857141
 6 254.2857142857142

第14章　Fortran90/95・MATLAB による最適設計演習

練 習 問 題

14.2節，14.3節に示すプログラムにおける断面積 A の初期値を $0.5\,\mathrm{m}^2$，$2.0\,\mathrm{m}^2$ に変更し，最急降下法お

および Newton-Raphson 法における収束特性の違いについて，比較・考察をしなさい．

練習問題の解答

　以下の図 vi〜ix より，断面積 A の初期値を $0.5\,\mathrm{m}^2$, $2.0\,\mathrm{m}^2$ にした場合も問題無く，最急降下法，Newton-Raphson 法どちらの場合も，評価関数の値は適切に収束し，厳密解 $A=(50)^{\frac{1}{3}}\approx 3.684\,\mathrm{m}^2$ に向かい収束していることを確認できる．

断面積 A の初期値を $0.5\,\mathrm{m}^2$ にした場合

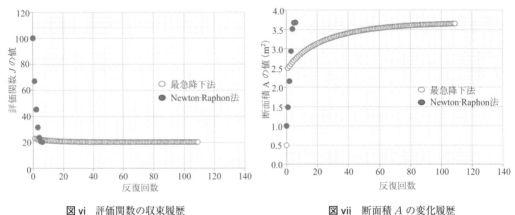

図 vi　評価関数の収束履歴　　　　　　　　図 vii　断面積 A の変化履歴

断面積 A の初期値を $2.0\,\mathrm{m}^2$ にした場合

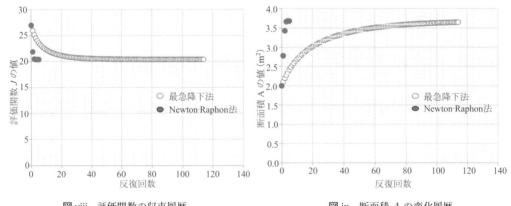

図 viii　評価関数の収束履歴　　　　　　　図 ix　断面積 A の変化履歴

【付　　録】

● 【付録A】 Simpson 則　式(3.32)

　図 A.1 は，ある分布関数を 2 次関数により近似した図を示す．Simpson 則では，ある分布関数の積分を図 A.1 の点線で表された 2 次関数による積分により表す．

　図 A.1 の点線は式(A.1)のように表される．

$$f(x) = a(x-x_2)^2 + b(x-x_2) + c \qquad (A.1)$$

x_1, x_3 を分割幅 h を使って表すと，式(A.2)，(A.3)のように書き表される．

$$x_1 = x_2 - h \qquad (A.2)$$

$$x_3 = x_2 + h \qquad (A.3)$$

また，$f(x_1), f(x_2), f(x_3)$ を $y = ax^2 + bx + c$ により表すと，式(A.4)～(A.6)のように書き表される．

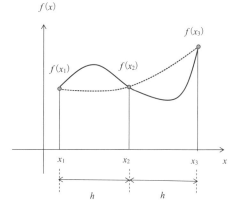

図 A.1　2 次関数による近似

$$f(x_1) = ah^2 - bh + c \qquad (A.4)$$

$$f(x_2) = c \qquad (A.5)$$

$$f(x_3) = ah^2 + bh + c \qquad (A.6)$$

　ここで，係数 a, b, c を $f(x_1), f(x_2), f(x_3)$ により表すことを考える．まず，係数 c に $f(x_2)$ を代入すると，式(A.7)，(A.8)のように書き表される．

$$f(x_1) = ah^2 - bh + f(x_2) \qquad (A.7)$$

$$f(x_3) = ah^2 + bh + f(x_2) \qquad (A.8)$$

$f(x_1), f(x_3)$ の和は式(A.9)のようになり，係数 a は式(A.10)のようになる．

$$f(x_1) + f(x_3) = 2ah^2 + 2f(x_2) \qquad (A.9)$$

$$a = \frac{f(x_1) - 2f(x_2) + f(x_3)}{2h^2} \qquad (A.10)$$

同様に，$f(x_1), f(x_3)$ の差より式(A.11)が得られ，係数 b は式(A.12)のようになる．

$$f(x_1) - f(x_3) = -2bh \qquad (A.11)$$

$$b = \frac{f(x_3) - f(x_1)}{2h} \qquad (A.12)$$

また，c は式(A.13)のようになる．

$$c = f(x_2) \tag{A.13}$$

近似式（式(A.1)）による積分の計算をすると，積分の結果は式(A.14)のようになる．

$$S = \int_{x_1}^{x_3} f(x) dx = \int_{-h}^{h} (ax^2 + bx + c) dx = \left[\frac{ax^3}{3} + \frac{bx^2}{2} + cx \right]_{-h}^{h} = \frac{2ah^3}{3} + 2ch \tag{A.14}$$

よって，式(A.14)に係数 a, c を代入すると，式(A.15)が得られ，この式が Simpson 則となる．

$$S = \frac{2ah^3}{3} + 2ch = \frac{2h^3}{3} \frac{f(x_1) - 2f(x_2) + f(x_3)}{2h^2} + 2f(x_2)h = \frac{h}{3}(f(x_1) + 4f(x_2) + f(x_3)) \tag{A.15}$$

●【付録 B】chain rule（連鎖律）　式(10.6)

多変数関数の合成関数の微分とも呼ばれ，$z = f(x, y)$ の偏導関数が連続（※任意の点 (a, b) における偏微分係数 $\dfrac{\partial f(a, b)}{\partial x}$ および $\dfrac{\partial f(a, b)}{\partial y}$ が無限大にならず連続）であり，$x = \phi(t)$, $y = \psi(t)$ が微分可能ならば，t の関数 $z = f(\phi(t), \psi(t))$ について式(B.1)と書くことができる．

$$\frac{dz}{dt} = \frac{\partial f}{\partial x} \frac{dx}{dt} + \frac{\partial f}{\partial y} \frac{dy}{dt} \tag{B.1}$$

このように合成関数の微分を多変数関数に拡張したものを chain rule と呼ぶ．

●【付録 C】Green の定理　式(11.5)

Green の定理は 1 次元の問題では「部分積分」と呼ばれ，微分可能な $f(x)$, $g(x)$，区間 $a \leq x \leq b$ に対して，式(C.1) に示す関係式により表すことができる．

$$\int_a^b f(x) \frac{dg(x)}{dx} dx = [f(x)g(x)]_b^a - \int_a^b \frac{df(x)}{dx} g(x) dx \tag{C.1}$$

2 次元，3 次元の問題では，一般に Green の定理と呼ばれる．

●【付録 D】形状関数　式(11.16)〜(11.19)

式(11.16)〜(11.19)に示す形状関数の誘導の説明に際し，図 11.2（図 D.1）を再掲する．

図 D.1 の左図の x-y 座標系において，任意の点における x の座標値を，右図の ξ-η 座標系における ξ, η の値により表すことを考え，未定定数 $\alpha_0, \alpha_1, \alpha_2, \alpha_3$ を用いて式(D.1)のように表す．

$$x(\xi, \eta) = \alpha_0 + \alpha_1 \xi + \alpha_2 \eta + \alpha_3 \xi \eta = \{1 \quad \xi \quad \eta \quad \xi\eta\} \begin{Bmatrix} \alpha_0 \\ \alpha_1 \\ \alpha_2 \\ \alpha_3 \end{Bmatrix} \tag{D.1}$$

図 D.1　（再掲）図 11.2　物理空間（左図：x-y 座標）から計算空間（右図：ξ-η 座標）への写像

　x-y 座標系における節点 1 は，ξ-η 座標系における節点 1 に対応しているため，式(D.1)を各節点について考えると，式(D.2)〜(D.5)のように書き表される．

$$x_1(-1, -1) = \alpha_0 - \alpha_1 - \alpha_2 + \alpha_3 \tag{D.2}$$

$$x_2(1, -1) = \alpha_0 + \alpha_1 - \alpha_2 - \alpha_3 \tag{D.3}$$

$$x_3(1, 1) = \alpha_0 + \alpha_1 + \alpha_2 + \alpha_3 \tag{D.4}$$

$$x_4(-1, 1) = \alpha_0 - \alpha_1 + \alpha_2 - \alpha_3 \tag{D.5}$$

式(D.2)〜(D.5)を行列表記にすると式(D.6)のように書き表される．

$$\begin{Bmatrix} x_1 \\ x_2 \\ x_3 \\ x_4 \end{Bmatrix} = \begin{bmatrix} 1 & -1 & -1 & 1 \\ 1 & 1 & -1 & -1 \\ 1 & 1 & 1 & 1 \\ 1 & -1 & 1 & -1 \end{bmatrix} \begin{Bmatrix} \alpha_0 \\ \alpha_1 \\ \alpha_2 \\ \alpha_3 \end{Bmatrix} \tag{D.6}$$

　式(D.6)において未定係数により表されるベクトルとの等式を誘導するため，式(D.6)の右辺の行列に対する逆行列を両辺に乗じると，式(D.7)のように書くことができる．

$$\begin{Bmatrix} \alpha_0 \\ \alpha_1 \\ \alpha_2 \\ \alpha_3 \end{Bmatrix} = \begin{bmatrix} 1 & -1 & -1 & 1 \\ 1 & 1 & -1 & -1 \\ 1 & 1 & 1 & 1 \\ 1 & -1 & 1 & -1 \end{bmatrix}^{-1} \begin{Bmatrix} x_1 \\ x_2 \\ x_3 \\ x_4 \end{Bmatrix} \tag{D.7}$$

　ここで，式(D.1)に対して，式(D.7)を代入すると，式(D.8)のように書き表される．この式は，座標 x の値に対する補間関数となっている．ここに，$N_1(\xi, \eta) \sim N_4(\xi, \eta)$ は形状関数と呼ばれ，式(D.9)〜(D.12)のように書き表される．

$$
\begin{aligned}
x(\xi, \eta) &= \{1 \quad \xi \quad \eta \quad \xi\eta\} \begin{Bmatrix} \alpha_0 \\ \alpha_1 \\ \alpha_2 \\ \alpha_3 \end{Bmatrix} \\
&= \{1 \quad \xi \quad \eta \quad \xi\eta\} \begin{bmatrix} 1 & -1 & -1 & 1 \\ 1 & 1 & -1 & -1 \\ 1 & 1 & 1 & 1 \\ 1 & -1 & 1 & -1 \end{bmatrix}^{-1} \begin{Bmatrix} x_1 \\ x_2 \\ x_3 \\ x_4 \end{Bmatrix} \\
&= \{1 \quad \xi \quad \eta \quad \xi\eta\} \frac{1}{4} \begin{bmatrix} 1 & 1 & 1 & 1 \\ -1 & 1 & 1 & -1 \\ -1 & -1 & 1 & 1 \\ 1 & -1 & 1 & -1 \end{bmatrix} \begin{Bmatrix} x_1 \\ x_2 \\ x_3 \\ x_4 \end{Bmatrix} \\
&= \{N_1(\xi, \eta) \quad N_2(\xi, \eta) \quad N_3(\xi, \eta) \quad N_4(\xi, \eta)\} \begin{Bmatrix} x_1 \\ x_2 \\ x_3 \\ x_4 \end{Bmatrix}
\end{aligned} \tag{D.8}
$$

$$N_1(\xi, \eta) = \frac{1}{4}(1 - \xi - \eta + \xi\eta) = \frac{1}{4}(1 - \xi)(1 - \eta) \tag{D.9}$$

$$N_2(\xi, \eta) = \frac{1}{4}(1 + \xi - \eta - \xi\eta) = \frac{1}{4}(1 + \xi)(1 - \eta) \tag{D.10}$$

$$N_3(\xi, \eta) = \frac{1}{4}(1 + \xi + \eta + \xi\eta) = \frac{1}{4}(1 + \xi)(1 + \eta) \tag{D.11}$$

$$N_4(\xi, \eta) = \frac{1}{4}(1 - \xi + \eta - \xi\eta) = \frac{1}{4}(1 - \xi)(1 + \eta) \tag{D.12}$$

●【付録 E】平面応力状態の弾性係数行列　式(11.51)，平面ひずみ状態の弾性係数行列　式(11.52)

　式(11.51)，(11.52)に示す2次元モデルの弾性係数行列の説明に際し，図11.7（図 E.1）を再掲する．

　3次元領域における一般化された Hooke の法則は，式(E.1)のように書くことができる．

$$\begin{Bmatrix} \sigma_{xx} \\ \sigma_{yy} \\ \sigma_{zz} \\ \tau_{xy} \\ \tau_{yz} \\ \tau_{zx} \end{Bmatrix} = \frac{E}{(1-2\nu)(1+\nu)} \begin{bmatrix} 1-\nu & \nu & \nu & 0 & 0 & 0 \\ \nu & 1-\nu & \nu & 0 & 0 & 0 \\ \nu & \nu & 1-\nu & 0 & 0 & 0 \\ 0 & 0 & 0 & \dfrac{1-2\nu}{2} & 0 & 0 \\ 0 & 0 & 0 & 0 & \dfrac{1-2\nu}{2} & 0 \\ 0 & 0 & 0 & 0 & 0 & \dfrac{1-2\nu}{2} \end{bmatrix} \begin{Bmatrix} \epsilon_{xx} \\ \epsilon_{yy} \\ \epsilon_{zz} \\ \gamma_{xy} \\ \gamma_{yz} \\ \gamma_{zx} \end{Bmatrix} \tag{E.1}$$

　ここで，図 E.1 の左図のように，薄板で奥行き z 方向の応力を考慮しない場合（$\sigma_{zz} = \tau_{yz} = \tau_{zx} = 0$），また図 E.1 の右図のように無限遠方に続いているある断面を考え，奥行き z 方向のひずみを考慮しない場合（$\epsilon_{zz} = \gamma_{yz} = \gamma_{zx} = 0$）はどちらも2次元領域における問題として解くことができる．図 E.1 の左図のような薄板モデルが面内の荷重を受ける状態を「平面応力状態」と呼び，また図 E.1 の右図のように無限遠方に続いており，ある断面を対象としたモデルが側面の長さ方向に沿って一様な荷重を受けるような状態を「平面ひずみ状態」と呼ぶ．式(E.1)に「平面応力状態（$\sigma_{zz} = \tau_{yz} = \tau_{zx} = 0$）」

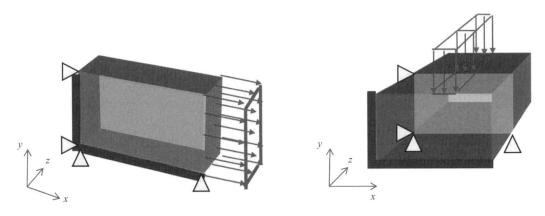

図 E.1　(再掲) 図 11.7　断面2次元領域における平面応力状態（左）と平面ひずみ状態（右）

の条件を考慮すると式(E.2)に示す応力成分とひずみ成分の関係式を得ることができ，式(E.1)に「平面ひずみ状態（$\epsilon_{zz}=\gamma_{yz}=\gamma_{zx}=0$）」の条件を考慮すると式(E.3)に示す応力成分とひずみ成分の関係式を得ることができる.

$$\begin{Bmatrix} \sigma_{xx} \\ \sigma_{yy} \\ \tau_{xy} \end{Bmatrix} = \frac{E}{1-\nu^2} \begin{bmatrix} 1 & \nu & 0 \\ \nu & 1 & 0 \\ 0 & 0 & \dfrac{1-\nu}{2} \end{bmatrix} \begin{Bmatrix} \epsilon_{xx} \\ \epsilon_{yy} \\ \gamma_{xy} \end{Bmatrix} \tag{E.2}$$

$$\begin{Bmatrix} \sigma_{xx} \\ \sigma_{yy} \\ \tau_{xy} \end{Bmatrix} = \frac{E(1-\nu)}{(1-2\nu)(1+\nu)} \begin{bmatrix} 1 & \dfrac{\nu}{1-\nu} & 0 \\ \dfrac{\nu}{1-\nu} & 1 & 0 \\ 0 & 0 & \dfrac{1-2\nu}{2(1-\nu)} \end{bmatrix} \begin{Bmatrix} \epsilon_{xx} \\ \epsilon_{yy} \\ \gamma_{xy} \end{Bmatrix} \tag{E.3}$$

【配布用ソースコードについて】

● 「計算力学の基礎」 配布用ソースコード（Fortran）について

　本書で紹介した Fortran によるソースコードは富士通コンパイラによるコンパイルおよび動作確認をしてあります．ソースコードは，紙面において紹介したものと同様の内容です．それぞれのソースファイルをコンパイルして実行してください．また，プログラムにおいて設定している配列は，対象とする解析例を変える場合，問題ごとに適宜変更をしてください．たとえば，test.f90 というプログラムファイルを「九州大学情報基盤研究開発センター　研究用計算システム」において富士通コンパイラを用いてコンパイルし解析を実施する際，以下のようにコンパイルを実行し，バッチ処理により計算を実施します．

　　コンパイル例：frt test.f90　⇒　バッチ処理により解析

　各高等専門学校や各大学等における情報処理センターにおける研究環境において，使用しているコンパイラもさまざまと思いますので，各センターのセンター員の方にコンパイルの実行の仕方，解析の実施の仕方を問い合わせの上，解析のテストを実施してください．

第 4 章　Fortran90/95・MATLAB による常微分方程式の数値計算演習
　振動方程式に Newmark の β 法を適用した Fortran90/95 プログラム
　・・・ program4.f90

第 6 章　Fortran90/95・MATLAB による軸方向変形部材の構造解析演習
　Fortran90/95 による軸方向変形部材構造解析モデルに対する有限要素法の数値計算プログラム
　・・・ program6.f90
　入力データ
　・・・ input4.dat

第 9 章　Fortran90/95・MATLAB による有限差分解析演習
　Fortran90/95 による 2 次元領域における Laplace 方程式に対する有限差分解析（定常モデル）
　・・・ program9_1.f90

Fortran90/95 による 1 次元領域における熱伝導方程式に対する有限差分解析（非定常モデル）

・・・ program9_2.f90

第 12 章　Fortran90/95・MATLAB による有限要素解析演習

Fortran90/95 による 2 次元領域における定常熱伝導問題の有限要素解析

・・・ program12.f90

入力データ

・・・ input7.dat

・・・ mesh.dat

第 14 章　Fortran90/95・MATLAB による最適設計演習

最急降下法による軸方向の変形部材における仕事を最小とする最適断面積を算定するための計算プログラム

Fortran90/95

・・・ program14_1.f90

Newton-Raphson 法による軸方向の変形部材における仕事を最小とする最適断面積を算定するための計算プログラム

Fortran90/95

・・・ program14_2.f90

練習問題の解答

第 2 章　Fortran90/95・MATLAB によるプログラムの基礎，数値計算演習

Fortran90/95（ループ計算によるプログラム例）

・・・ test1.f90

第 6 章　Fortran90/95・MATLAB による軸方向変形部材の構造解析演習

練習問題

・・・ test2.f90

入力データ

・・・ input4e.dat

第 12 章　Fortran90/95・MATLAB による有限要素解析演習

練習問題

入力ファイル 1

・・・ input7e.dat

入力ファイル 2

⋯ meshe.dat

Zip 解凍用 PW：x2han89t

●「計算力学の基礎」 配布用ソースコード（MATLAB）について

本書で紹介した MATLAB によるソースコードは MATLAB R2022a による動作確認をしてあります．ソースコードは，紙面において紹介したものと同様の内容です．それぞれのテキストファイルに記載するテキストを MATLAB にコピー&ペーストして実行してください．なお，M ファイル（拡張子 .m）が必要の場合，作業フォルダにコピー&ペーストしておいてから，MATLAB プログラムを実行してください．

第 4 章　Fortran90/95・MATLAB による常微分方程式の数値計算演習

　振動方程式に Newmark の β 法を適用した MATLAB プログラム

　⋯ program4.txt

第 6 章　Fortran90/95・MATLAB による軸方向変形部材の構造解析演習

　MATLAB による軸方向変形部材構造解析モデルに対する有限要素法の数値計算プログラム

　⋯ program6.txt

　入力データ

　⋯ input4.dat

第 9 章　Fortran90/95・MATLAB による有限差分解析演習

　MATLAB による 2 次元領域における Laplace 方程式に対する有限差分解析（定常モデル）

　⋯ program9_1.txt

　　uij.m, u0ij.m

　MATLAB による 1 次元領域における熱伝導方程式に対する有限差分解析（非定常モデル）

　⋯ program9_2.txt

第 12 章　Fortran90/95・MATLAB による有限要素解析演習

　MATLAB による 2 次元領域における定常熱伝導問題の有限要素解析

　⋯ program12.txt

　　indata.m, elmak.m, leftm.m, displ.m, sweep.m

　入力データ

　⋯ input7.dat

　⋯ mesh.dat

第 14 章　Fortran90/95・MATLAB による最適設計演習

最急降下法による軸方向の変形部材における仕事を最小とする最適断面積を算定するための計算プログラム

MATLAB

・・・ program14_1.txt

Newton-Raphson 法による軸方向の変形部材における仕事を最小とする最適断面積を算定するための計算プログラム

MATLAB

・・・ program14_2.txt

練習問題の解答

第2章　Fortran90/95・MATLAB によるプログラムの基礎，数値計算演習
　MATLAB（ループ計算によるプログラム例）
　・・・ test1.txt

第6章　Fortran90/95・MATLAB による軸方向変形部材の構造解析演習
　練習問題
　・・・ test2.txt
　入力データ
　・・・ input4e.dat

第12章　Fortran90/95・MATLAB による有限要素解析演習
　練習問題
　入力ファイル1
　・・・ input7e.dat
　入力ファイル2
　・・・ meshe.dat
　注意点：入力ファイルの名前変更とともに，indata.m に "input7.dat"（49行）と "mesh.dat"（18行）をそれぞれ新ファイル名 "input7e.dat" と "meshe.dat" に変更して実行してください.
　Zip 解凍用 PW：x2han89t

※プログラムのサポートは，筆者・出版社とも対応しておりません. また，使用することによって生じた障害等については，筆者・出版社は責任を負いませんので. この点はご了承ください.

あとがき

　本書は，筆者らの学生時代の勉強から，研究者としての研究活動における経験を経て取りまとめたものである．筆者（倉橋）は，計算力学関係について勉強を始めてから 20 年以上が経つ．計算力学関係の教育・研究が行えているのも，母校である中央大学理工学部都市環境学科（旧：土木工学科）の名誉教授　川原　睦人　先生，教授　樫山　和男　先生の数値計算・計算力学関係の講義において勉強してきた内容が元となっており，お世話になった皆様は全員挙げられないが，材料解析関係では，長岡技術科学大学　名誉教授　古口　日出男　先生，最適化解析の関係では，名古屋産業科学研究所　畔上　秀幸　先生（名古屋大学　名誉教授），岐阜工業高等専門学校　機械工学科　教授　片峯　英次　先生等，数理設計・逆問題関係の学会や研究会等において関係しました皆様とのディスカッションを通じて培ったものである．人との巡り合わせが，筆者（倉橋）の計算力学の土台となっており，皆様からのご指導に対して，心から感謝の意を表する．

　また，筆者（史）は，構造解析や座屈解析の数値解析プログラムの作成をきっかけにして，計算力学・理論解析・設計工学に関する研究・教育を行ってきた．この間，数多くの方々にお世話になり，母校である信州大学繊維学部の教授　倪　慶清　先生，教授　夏木　俊明　先生の研究指導により力学知識が増え，豊田工業大学固体力学研究室　教授　下田　昌利　先生から最適設計分野の研究に触れ，上記の名古屋産業科学研究所　畔上　秀幸　先生（名古屋大学　名誉教授），岐阜工業高等専門学校　機械工学科　教授　片峯　英次　先生等数多くの専門家とのディスカッションを通じて計算力学に入門できた．協力いただいた方々は全員挙げられないが，ご指導ご鞭撻に対して，心から感謝の意を表する．

　最後に，共立出版(株)ならびに同社　時盛　健太郎　氏に厚く御礼申し上げる．

2023 年 6 月

倉橋　貴彦

史　金星

索　引

〈ア　行〉

アイソパラメトリック要素　95

陰解法　87

応力-ひずみ関係式　102
重み関数　95
重み係数　100
重み付き残差法　95
重み付き残差方程式　96

〈カ　行〉

外力　37
拡張評価関数　130
重ね合わせ　95
加速係数　7
観測点数　147

逆解析　129
逆問題　129
境界条件　38

空洞トポロジー　147

計算空間　96
形状関数　97
形状最適化　145
減衰行列　147

格子点　60
剛性行列　147
剛性方程式　40
構造解析　95
後退 Euler 法　24
後退差分　57
後退代入　4

〈サ　行〉

最急降下法　129
座標変換　42
差分近似　92
残差　95

軸方向変形部材　37
自己随伴関係　132
質量行列　147
支配方程式　62
写像　96
修正 Euler 法　88
収束判定定数　3
自由体図　38
終端時刻　147
順解析　129
初期時刻　147
初期条件　24
振動方程式　24

随伴変数法　129
随伴方程式　131
数値積分　23
ステップ長さ　131

正則化パラメータ　148
制約条件　130
積分点　100
設計速度場　146
設計変数　130
節点　38
線形加速度法　26
線形弾性体　95
前進差分　57
前進消去　4
全体座標系　42
全体領域　95

〈タ 行〉
第一変分　130
第一種境界条件　57
台形則　28
第二種境界条件　57
単位法線ベクトル　104

力のつり合い　38
中心差分　57
中点法　89
直接法　4

つり合い条件式　40

停留条件　129
適合条件式　39

トポロジー同定　145
トラス部材　37

〈ナ 行〉
2分法　2

熱拡散率　60
熱伝導方程式　59

〈ハ 行〉
波動方程式　85
反応拡散方程式　148
反復回数　4
反復計算式　4
反復法　4
反力　37

ひずみ-変位関係式　103
非線形方程式　1
評価関数　129

部材座標系　42
部材端力　37
部材端力方程式　40
物理空間　96

平均加速度法　25
平面応力状態　102
平面ひずみ状態　102

ヘビサイド関数　148
変位　37
変形条件式　37

補間法　1

〈マ 行〉
目標値　129
モーメントのつり合い　102

〈ヤ 行〉
有限差分解析　63
有限要素法　37
有限要素方程式　106

陽解法　87
要素境界　96
要素領域　95

〈ラ 行〉
レベルセット関数　147
連鎖律　87
連立方程式　1

〈英 名〉
chain rule　87
Crank-Nicolson 法　24

Dirichlet 境界条件　57

Euler 法　24

Gauss-Legendre 積分　95
Gauss-Seidel 法　5
Gauss の消去法　4
Green の定理　96

Hooke の法則　129

Jacobi 行列　96
Jacobi 法　5

Lagrange 関数　129
Lagrange の未定乗数法　130
Lagrange 補間　2

Laplace 方程式　57, 59
Lotka-Volterra の方程式　87

Neumann 境界条件　57
Newmark の β 法　26
Newton-Raphson 法　2

Poisson 比　103
Poisson 方程式　59

quasi-Newton　134

Runge-Kutta 法　87

Simpson 則　29
SOR 法　5

Taylor 展開　3

Young 率　37

〈著者紹介〉

倉橋　貴彦（くらはし　たかひこ）

2007年　中央大学大学院理工学研究科土木工学専攻博士後期課程修了
専門分野　計算力学，数理設計技術，有限要素解析
現　　在　長岡技術科学大学技学研究院機械系准教授．博士（工学）

史　　金星（し　きんせい）

2013年　信州大学大学院総合工学系研究科生命機能・ファイバー工学専攻博士課程修了
専門分野　計算力学，設計工学，CAE
現　　在　公立小松大学生産システム科学部准教授．博士（工学）

計算力学の基礎　—数値解析から最適設計まで—
Foundation of computational mechanics
— from numerical analyisis to design optimization —

2023 年 7 月 25 日　初版 1 刷発行　　　　　　　　　　　　検印廃止

著　者　倉橋　貴彦　Ⓒ 2023
　　　　史　　金星

発行者　南條　光章

発行所　**共立出版株式会社**
　　　　〒 112-0006 東京都文京区小日向 4 丁目 6 番 19 号
　　　　電話　03-3947-2511
　　　　振替　00110-2-57035
　　　　URL　www.kyoritsu-pub.co.jp

一般社団法人
自然科学書協会
会　員

印刷/製本：真興社　　NDC 511.3/Printed in Japan

ISBN 978-4-320-08230-4

■機械工学関連書

www.kyoritsu-pub.co.jp **共立出版**

生産技術と知能化(S知能機械工学1)・・・・・・・・・・・山本秀彦著

現代制御(S知能機械工学3)・・・・・・・・・・・・・・・・・山田宏尚他著

持続可能システムデザイン学・・・・・・・・・・・・小林英樹著

入門編 生産システム工学 総合生産学への途 第6版 人見勝人著

機能性材料科学入門・・・・・・・・・・・・・・・・・・石井知彦他編

Mathematicaによるテンソル解析・・・・・野村靖一著

計算力学の基礎 数値解析から最適設計まで・・・・・・・倉橋貴彦他著

工業力学・・・・・・・・・・・・・・・・・・・・・・・・・・上月陽一 監修

機械系の基礎力学・・・・・・・・・・・・・・・・・・・・・山川 宏著

機械系の材料力学・・・・・・・・・・・・・・・・・・・・山川 宏他著

わかりやすい材料力学の基礎 第2版・・・・中田政之他著

工学基礎 材料力学 新訂版・・・・・・・・・・・・・・・清家政一郎著

詳解 材料力学演習 上・下・・・・・・・・・・・・・斉藤 渥他共著

固体力学の基礎(機械工学テキスト選書1)・・・・・・・・田中英一著

工学基礎 固体力学・・・・・・・・・・・・・・・・・・・園田佳巨他著

破壊事故 失敗知識の活用・・・・・・・・・・・・・・・小林英男編著

超音波工学・・・・・・・・・・・・・・・・・・・・・・・・・荻 博次著

超音波による欠陥寸法測定・・・小林英男他編集委員会代表

構造振動学・・・・・・・・・・・・・・・・・・・・・千葉正克他著

基礎 振動工学 第2版・・・・・・・・・・・・・・・・・横山 隆他著

機械系の振動学・・・・・・・・・・・・・・・・・・・・・・山川 宏著

わかりやすい振動工学・・・・・・・・・・・・・・・砂子田勝昭他著

弾性力学・・・・・・・・・・・・・・・・・・・・・・・・・・・荻 博次著

繊維強化プラスチックの耐久性・・・・・・・・宮野 靖他著

工学系のための最適設計法 機械学習を活用した理論と実践・・・・・北山哲士他著

図解 よくわかる機械加工・・・・・・・・・・・・・・・武藤一夫著

材料加工プロセス ものづくりの基礎・・・・・・・・・山口克彦他編著

機械技術者のための材料加工学入門・・・・・・・・吉田総仁他著

基礎 精密測定 第3版・・・・・・・・・・・・・・・津村喜代治著

X線CT 産業・理工学でのトモグラフィー実践活用・・・・・・・・戸田裕之著

図解 よくわかる機械計測・・・・・・・・・・・・・・・・・武藤一夫著

基礎 制御工学 増補版 (情報・電子入門S2)・・・・・・・小林伸明他著

詳解 制御工学演習・・・・・・・・・・・・・・・・・・・・・明石 一他共著

基礎から実践まで理解できるロボット・メカトロニクス 山本郁夫他著

Raspberry Piでロボットをつくろう! 動いて、感じて、考えるロボットの製作とPythonプログラミング 齊藤哲哉訳

ロボティクス モデリングと制御 (S知能機械工学4)・・・川﨑晴久著

熱エネルギーシステム 第2版 (機械システム入門S10) 加藤征三編著

工業熱力学の基礎と要点・・・・・・・・・・・・・・・・・中山 顕他著

熱流体力学 基礎から数値シミュレーションまで・・・・・・中山 顕他著

伝熱学 基礎と要点・・・・・・・・・・・・・・・・・・・・・・菊地義弘他著

流体工学の基礎・・・・・・・・・・・・・・・・・・・・・大坂英雄他著

データ同化流体科学 流動現象のデジタルツイン (クロスセクショナルS10) 大林 茂他著

流体の力学・・・・・・・・・・・・・・・・・・・・・・・・太田 有他著

流体力学の基礎と流体機械・・・・・・・・・・・・・福島千晴他著

例題でわかる基礎・演習流体力学・・・・・・前川 博他著

対話とシミュレーションムービーでまなぶ流体力学 前川 博著

流体機械 基礎理論から応用まで・・・・・・・・・・・山本 誠他著

流体システム工学(機械システム入門S12)・・・・・・菊山功嗣他著

わかりやすい機構学・・・・・・・・・・・・・・・・・・伊藤智博他著

気体軸受技術 設計・製作と運転のテクニック・・・・・・十合晋一他著

アイデア・ドローイング コミュニケーションツールとして 第2版・・・中村純生著

JIS機械製図の基礎と演習 第5版・・・・・・・・・武田信之改訂

JIS対応 機械設計ハンドブック・・・・・・・・・・武田信之著

CADの基礎と演習 AutoCAD 2011を用いた2次元基本製図 赤木徹也他共著

はじめての3次元CAD SolidWorksの基礎・・・木村 昇著

SolidWorksで始める3次元CADによる機械設計と製図 宋 相載他著

無人航空機入門 ドローンと安全な空社会・・・・・・・・・滝本 隆著